ライブラリ レシピ de 演習【物理学】=1

レシピ de 演習 力学

轟木 義一 著

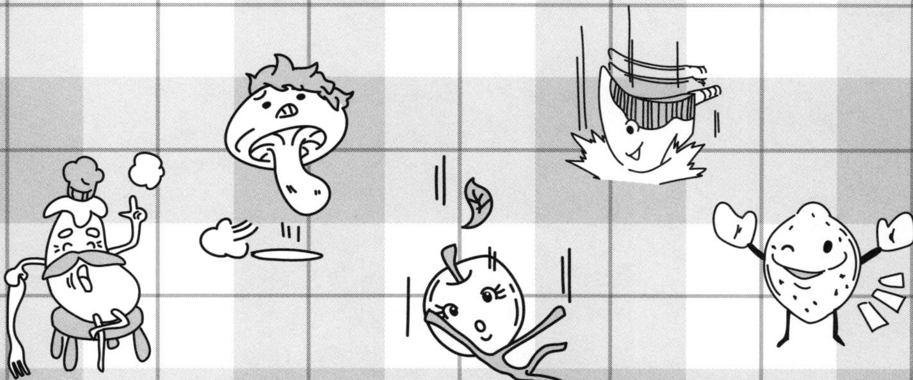

サイエンス社

本文・カバーイラスト：SAGAE DESIGN　寒河江厚史

サイエンス社のホームページのご案内
http://www.saiensu.co.jp
ご意見・ご要望は　rikei@saiensu.co.jp　まで.

まえがき

物理は難しい．多くの学生はそう答える．理由は，新しい物理概念や微分・積分のような新しい数学が難しいこともあるが，その他に，答えまでの道のりが何ステップもあることがある．きちんと物理概念や数学を理解していない状態で，何ステップも先の答えまでを想像して取り組むのは簡単ではない．ところで，手順が複雑で難しそうな料理でもレシピ通りに作ることで，おいしく作れたという経験はないだろうか．同じように，1つ1つ順を追って解いていけば，何ステップもある問題を解くことができるはずである．「ライブラリ レシピde演習［物理学］」は，この考えのもとに，高校時物理未履修の学生や，物理が苦手だった学生が，何ステップもある問題を解けるようになることを目指したものである．

このライブラリの特長は以下の3点である．

- 料理レシピのように問題を解く手順が明確に示されている．
- 「基本例題メニュー」と「実践例題メニュー」という2つの例題を用意し，基本例題メニューで学んだ後に，基本例題メニューを真似て実践例題メニューを行うことで理解を確認できる．
- 重要なポイントや間違いやすい箇所が，吹き出しで示されている．

このライブラリの中で，本書は大学で入学後に初めて学ぶ物理である力学の演習書であり，自習用や，授業の副教材として利用することを念頭に置いている．また，推薦入試に合格した高校生の，入学までの準備勉強や，リメディアル教育用としても適している．

力学を教えていると，「自分で答えを求めてみたが，合っているかどうかわからない」という学生に会う．これは，彼らが物理初心者であるために，答えの確認方法に慣れていないからである．確認方法として代表的なものに，次の3つがある．

(1)　次元があっているか確かめる．

(2)　特別な場合について確かめる．

(3)　いくつかの解き方で，答えが同じになるか確かめる．

力学は初めて学ぶ物理であるので，本書では，これらの方法に慣れるように，以下の工夫をしてある．(1) については，問題の物理量を表す文字式の初出と最終的な解答に原則として単位を付けた．(2), (3) については，解答に特別な場合や別の解き方に対応する問題の番号を付けた．答えを求めた後で，これらの方法で確認すると，理解が深まるだろう．

本書だけで勉強をした場合に，簡単な問題を解けるようにはなるが，深く理解したという気分にならないかもしれない．そういう学生は是非，さらに進んだ教科書で学びなおして欲しい．本書で勉強していれば，何ステップもある問題につまづかずにスムーズに学べるはずである．

最後に，本書の親しみあるイラストは，千葉工業大学大学院工学研究科デザイン科学専攻の寒河江厚史氏（SAGAE DESIGN）にお願いした．快く引き受けていただいた寒河江氏に感謝したい．また，本書を企画から編集まで全面的にサポートしていただいた，編集者の田島伸彦氏，鈴木綾子氏に感謝したい．

2019 年 6 月

轟木義一

目　次

本書で学習するにあたって

本書は「初心者でもレシピ通りやれば基本料理が完成する」を目標にまとめられています．

例題は次の順で構成されています．

【1 例題メニュー】→【2 材料】→【3 レシピと解答】

【1 例題メニュー】
お手軽メニューからパンチの効いたメニューまでを揃えました．
どれも選りすぐりの絶品メニューです．
【2 材料】
必要な公式・定理・法則などを紹介します．特別な材料は必要ありません．
また料理中に「材料が無い」と慌てて調達に走ることもありません．
【3 レシピと解答】
Step1 , Step2 , . . . と料理レシピのような手順で解説しています．
お料理は突然出来上がりません．途中のやり方もしっかり確認できるとびっきりの秘伝レシピです．

なお，例題メニューは次の 2 種類があります．
基本例題メニュー のレシピでまずはお手本を確認しましょう．

実践例題メニュー でお料理を自分で作ってみましょう．ポイントになるところは空欄です．実際に書き込んでみるのもいいでしょう．

基本例題メニュー にある難易度の表記も参考にしてください．
★☆☆は初心者向きのお手軽メニューです．レシピをしっかりマスターしてください．
★★☆は少し難しいピリ辛メニューです．レシピはやや難しくなりますが落ち着いて取り組んでください．
★★★は難易度の高いパンチの効いたメニューです．レシピは Step の数が多いのですが，おいしいお料理ができますのでチャレンジしてください．

レシピ通りにやれば，どんなお料理もおいしく完成します．
せっかくのレシピをみるだけではもったいないので，ぜひ自分で作って味わってください．

第1章 静 力 学

この章では，まず，力の基本的な性質を学ぼう．次に，力のつり合いと作用・反作用の法則から，物体に働いている力を見つけられるようになろう．

1.1 力

力とは 高い位置からボールを放すと，ボールはだんだんと速くなりながら落下していく．このようにボールが落下するのは，ボールが鉛直下向きの力（重力）を受けているからである．このような物体の運動状態を変化させる原因が力である．

力の３要素 力は，働いている点（**作用点**），**力の向き**および**力の大きさ**で表される．この作用点，向き，大きさの3つを**力の3要素**という．作用点を通り，力の向きに引いた直線を**作用線**という．すなわち，力は大きさと向きを持つ**ベクトル量**である．力の単位は N を用いる．また，力は Force の頭文字である $\boldsymbol{F}$ を用いることが多い．

力を図に表す場合，図 1.1 のように作用点を始点として，力の方向に，その大きさに比例した長さの矢印を描く．

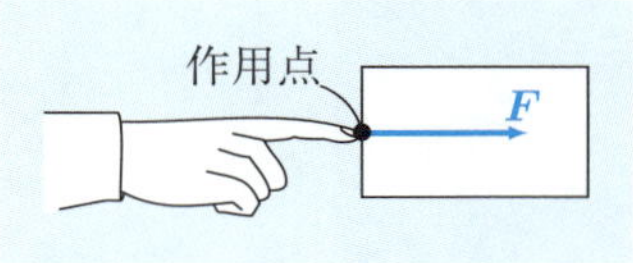

図 1.1 力の描き方

重　力 地球上の質量を持った全ての物体には，地球からの引力が働いている．この地球からの引力を**重力**という．物体に働く重力は鉛直下向きであり，その大きさ W は，物体の質量を m [kg] とすると，

$$W = mg \text{ [N]} \tag{1.1}$$

と表される．ここで，$g \simeq 9.8\,\mathrm{m/s^2}$ を**重力加速度**の大きさという（$\mathrm{m/s^2}$ の m（メートル）は長さの単位であり，s（second：秒）は時間の単位である）．

質量 100 g の物体に働く重力の大きさは 0.98 N であるので，質量 100 g の物体に働く重力の大きさがおおよそ 1 N になります．

力の合成 1つの物体に，いくつかの力が同時に働く場合，それらの力の和（ベクトル和）として，それらの力と同じ働きをする1つの力を考えることができる．この力を**合力**（ごうりょく）といい，合力を求めることを**力の合成**（ごうせい）という．

力はベクトル量であるから，ベクトルの演算規則にしたがう．よって，合力を求めるには，図 1.2 のように三角形法や平行四辺形法を用いて複数の力のベクトル和を求めればよい．

力の分解 力の合成とは反対に，1つの力をそれと同じ働きをするいくつかの力の組に分けることができる．これを**力の分解**（ぶんかい）といい，分けられたそれぞれの力を**分力**（ぶんりょく）という．

図 1.3 のように，力 $\boldsymbol{F}$ [N] を x 軸，y 軸，z 軸の3つの方向に分解した場合，分力 $\boldsymbol{F}_x$ [N], $\boldsymbol{F}_y$ [N], $\boldsymbol{F}_z$ [N] の大きさに，向きを表す正・負の符号を付けたものを，$\boldsymbol{F}$ の x 成分，y 成分，z 成分といい，F_x, F_y, F_z と表す．

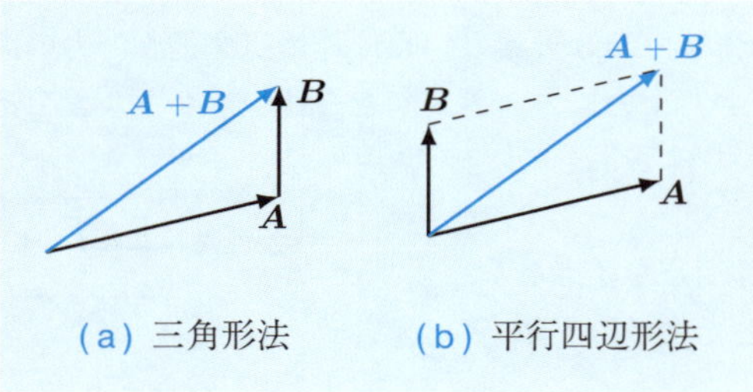

図 1.2 ベクトル和

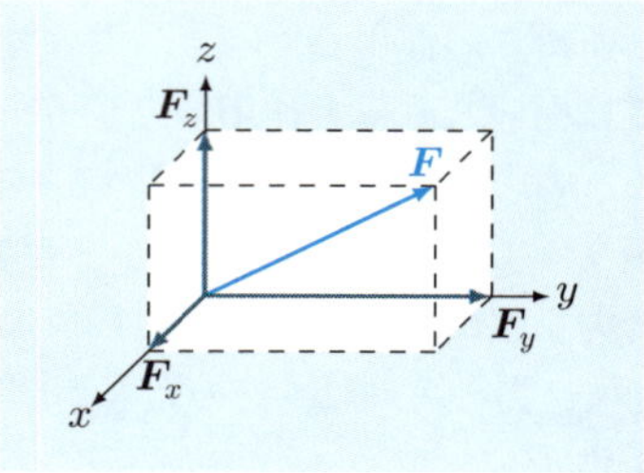

図 1.3 力の成分

ベクトル量を表すときには，上付き矢印 $\vec{A}$ や，太字 $\boldsymbol{A}$ を用いて表します．本書ではベクトル量は，太字 $\boldsymbol{A}$ を用います．また，ベクトル $\boldsymbol{A}$ の大きさを A または $|\boldsymbol{A}|$ と表します．

力を分解できるようになろう

難易度 ★☆☆

基本例題メニュー 1.1　力の分解

図 1.4 のように床面に置かれた小物体を水平と成す角 30° の方向に大きさ 4.0 N の力で引く．この力の水平成分と鉛直成分の大きさを求めなさい．

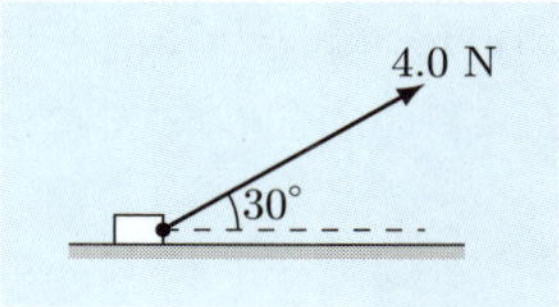

図 1.4　力の分解

【材料】

Ⓐ ベクトル和，Ⓑ $\sin 30^\circ = \frac{1}{2}$, $\cos 30^\circ = \frac{\sqrt{3}}{2}$，Ⓒ $\sqrt{3} = 1.73\cdots$

簡単な三角比と平方根の値は覚えてしまおう．

【レシピと解答】

Step1　求める 2 つの分力と，その分力を 2 辺とする平行四辺形（いまの場合，長方形）を描く（図 1.5 (a)）．

Step2　平行四辺形の対角線を斜辺とする 1 つの三角形に注目して，力の鉛直成分の大きさ $F_{鉛直}$ を求める（図 1.5 (b)）．

$$F_{鉛直} = 4.0 \times \sin 30^\circ = 4.0 \times \frac{1}{2} = 2.0\ \mathrm{N} \qquad (1.2)$$

Step3　もう 1 つの三角形に注目して，力の水平成分の大きさ $F_{水平}$ を求める（図 1.5 (c)）．

$$F_{水平} = 4.0 \times \cos 30^\circ = 4.0 \times \frac{\sqrt{3}}{2} = 3.46\ \mathrm{N} \qquad (1.3)$$

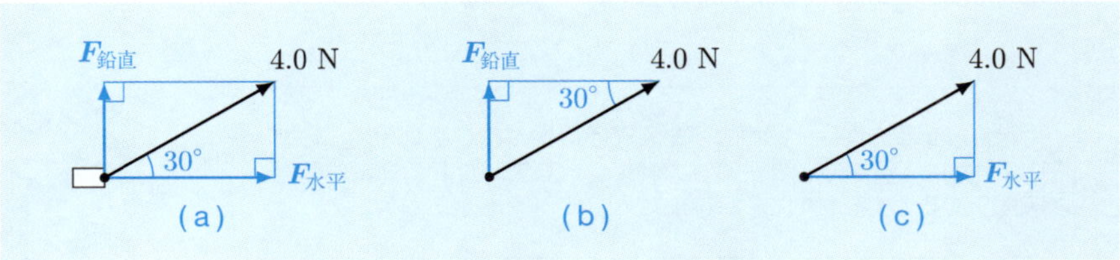

図 1.5　力の分解

実践例題メニュー 1.2　　力の分解

図 1.6 のように水平と成す角 30° の斜面上に小物体が静止している．物体に鉛直下向きに大きさ 6.0 N の重力が働いているとして，重力を斜面に平行な成分と斜面に垂直な成分に分解しなさい．

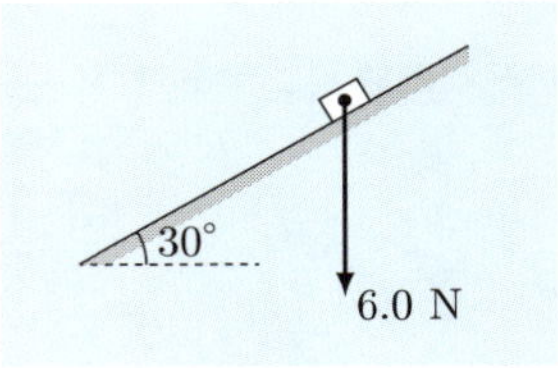

図 1.6　斜面上の物体に働く力の分解

【材料】

Ⓐ ベクトル和，Ⓑ $\sin 30^\circ = \frac{1}{2}$, $\cos 30^\circ = \frac{\sqrt{3}}{2}$，Ⓒ $\sqrt{3} = 1.73\cdots$

【レシピと解答】

Step1　求める 2 つの分力と，その分力を 2 辺とする平行四辺形（いまの場合，長方形）を図に描く（図 1.7 (a)）．

Step2　1 つの三角形に注目して，力の垂直成分の大きさ $F_{垂直}$ を求める（図 1.7 (b)）．

$$F_{垂直} = 6.0 \times \cos(\boxed{①\quad}) = \boxed{②\quad}\ \mathrm{N} \tag{1.4}$$

Step3　もう 1 つの三角形に注目して，力の平行成分の大きさ $F_{平行}$ を求める（図 1.7 (c)）．

$$F_{平行} = 6.0 \times \sin(\boxed{③\quad}) = \boxed{④\quad}\ \mathrm{N} \tag{1.5}$$

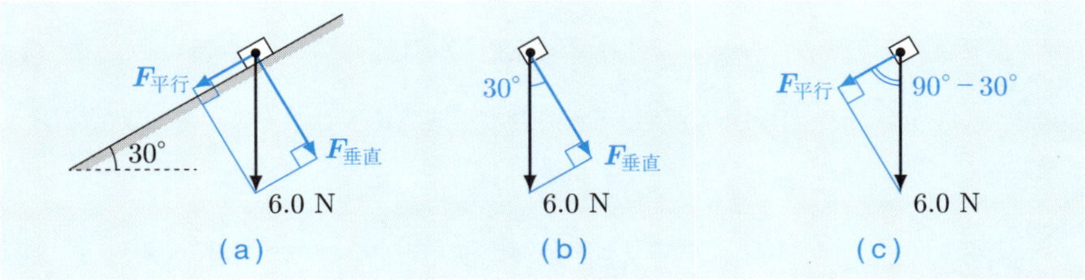

図 1.7　斜面上の物体に働く力の分解

力を分解する方向は，鉛直と水平である必要はありません．この問題では斜面に平行な方向と垂直な方向に分解しましたが，通常は問題の見通しがよくなる方向に分解します．

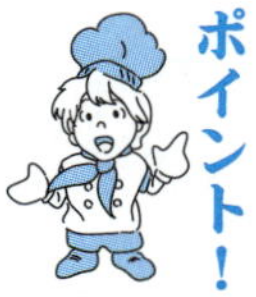

【実践例題解答】　① 30°　② $3.0\sqrt{3} = 5.1\not{3}$　③ 30°　④ 3

問　題

1.1　図 1.8 の (a), (b), (c) のようにある物体に 2 つの力 $\boldsymbol{F}_1$, $\boldsymbol{F}_2$ が働いている．作図により合力を求めなさい．

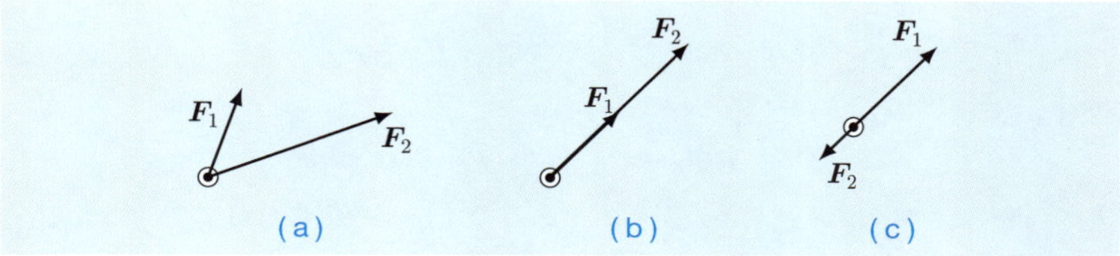

図 1.8　合力の問題

1.2　図 1.9 の (a), (b), (c) のようにある物体に力 $\boldsymbol{F}$ が働いている．作図により破線方向の 2 つの力に分解しなさい．

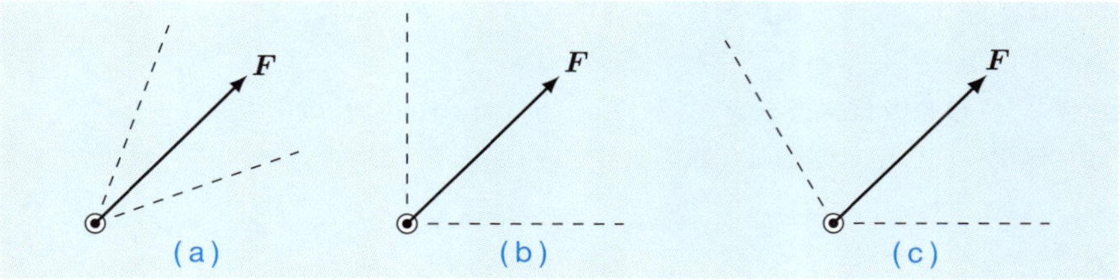

図 1.9　分力の問題

1.3　実践例題メニュー 1.2 と同じように水平と成す角 30° の斜面上に小物体が静止している．物体に鉛直下向きに大きさ 6.0 N の重力が働いているとして，重力を水平な成分と斜面に垂直な成分に分解しなさい．

1.4　力に関する以下の設問に答えなさい．

(a)　物体に大きさの異なる 2 つの力が働いている．この力の合力が 0 になることはあるか．その理由も説明しなさい．

(b)　物体に大きさの異なる 3 つの力が働いている．この力の合力が 0 になることはあるか．その理由も説明しなさい．

(c)　物体に 2 つの力 $\boldsymbol{F}_1$ [N], $\boldsymbol{F}_2$ [N] が働いている．合力 $\boldsymbol{F}_1 + \boldsymbol{F}_2$ の大きさは，必ず $\boldsymbol{F}_1$ の大きさや $\boldsymbol{F}_2$ の大きさより大きくなるといえるか．その理由も説明しなさい．

1.2 力のつり合い

物体に複数の力が働いていて，それら全ての合力が $\mathbf{0}$ であるとき，その物体に働く力はつり合っているという．物体が静止しているときには，物体に働く力がつり合っている．

物体に働く力を $\boldsymbol{F}_1$ [N], $\boldsymbol{F}_2$ [N], $\ldots$, $\boldsymbol{F}_N$ [N] とすれば，つり合いの式は，次のように書ける．

$$\boldsymbol{F}_1 + \boldsymbol{F}_2 + \cdots + \boldsymbol{F}_N = \mathbf{0} \tag{1.6}$$

力のつり合いの式はベクトルの関係式であるので，成分毎に分けて考えられる．すなわち，物体がある方向に動かないとき，物体に働く合力のその方向成分は 0 になる．

1.3 作用・反作用の法則

物体 A が物体 B に力を及ぼしているとき，物体 B は A に同一直線上，同じ大きさで逆向きの力を及ぼしている．これを**作用・反作用の法則**（**運動の第 3 法則**）という．

例えば，図 1.1 のように，物体を手で押しているときには，物体は同じ大きさの力で逆向きに手を押している．

物体 A が B に及ぼす力を $\boldsymbol{F}_{\mathrm{A}\to\mathrm{B}}$ [N]，物体 B が A に及ぼす力を $\boldsymbol{F}_{\mathrm{B}\to\mathrm{A}}$ [N] とすれば，作用・反作用の法則は，次のように書ける．

$$\boldsymbol{F}_{\mathrm{A}\to\mathrm{B}} = -\boldsymbol{F}_{\mathrm{B}\to\mathrm{A}} \tag{1.7}$$

$\boldsymbol{F}_{\mathrm{A}\to\mathrm{B}}$ を作用としたとき，$\boldsymbol{F}_{\mathrm{B}\to\mathrm{A}}$ を反作用という．逆に，$\boldsymbol{F}_{\mathrm{B}\to\mathrm{A}}$ を作用としたとき，$\boldsymbol{F}_{\mathrm{A}\to\mathrm{B}}$ が反作用である．力は必ず互いに及ぼし合う 2 つ 1 組で登場する．この及ぼし合う 2 つ 1 組の力を**相互作用**という．

> 力がつり合っているときに，つり合う 2 つの力と作用・反作用を混同しないように注意しましょう．つり合いの関係にある力は，同一の物体に働く力であり，作用・反作用の関係にある 2 力は，異なる 2 つの物体が及ぼし合う力です．

力のつり合いから，力の大きさの関係を見つけよう

難易度 ★★☆

基本例題メニュー 1.3　力のつり合い

図 1.10 のように，物体に力 $\boldsymbol{F}_1$ [N]，$\boldsymbol{F}_2$ [N]，$\boldsymbol{F}_3$ [N] が働いており，それらの力がつり合っている．力 $\boldsymbol{F}_1$ の作用線と力 $\boldsymbol{F}_2$，$\boldsymbol{F}_3$ との成す角が，それぞれ 60°，30° であるとき，これらの力の大きさ F_1，F_2，F_3 の関係を求めなさい．

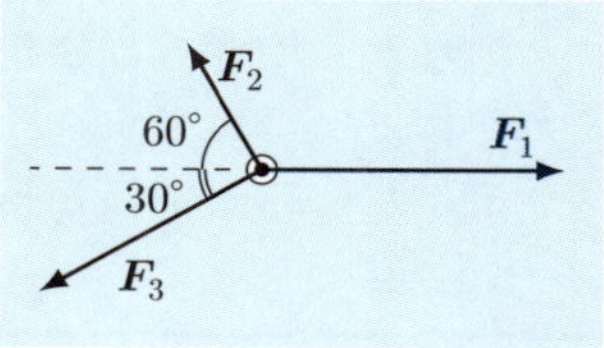

図 1.10　3 つの力のつり合い

【材料】

Ⓐ 力の分解，Ⓑ 力のつり合い，Ⓒ $\sin 30^\circ = \frac{1}{2}$，$\cos 30^\circ = \frac{\sqrt{3}}{2}$，$\sin 60^\circ = \frac{\sqrt{3}}{2}$，$\cos 60^\circ = \frac{1}{2}$

【レシピと解答】

Step1　力 $\boldsymbol{F}_2$，$\boldsymbol{F}_3$ を $\boldsymbol{F}_1$ に平行な成分と水平な成分に分け，それぞれの成分について，力のつり合いの式を立てる（図 1.11）．

$$\begin{cases} \boldsymbol{F}_1 \text{ に平行な成分：} F_1 - F_2\cos 60^\circ - F_3\cos 30^\circ = 0 \\ \boldsymbol{F}_1 \text{ に垂直な成分：} F_2\sin 60^\circ - F_3\sin 30^\circ = 0 \end{cases} \tag{1.8}$$

Step2　上の式を連立させて，F_1，F_2，F_3 の間の関係を求める．

$$\begin{cases} F_3 = \sqrt{3}\,F_2 \\ F_1 = \dfrac{1}{2}F_2 + \dfrac{\sqrt{3}}{2}F_3 \end{cases} \tag{1.9}$$

より，

$$F_1 : F_2 : F_3 = 2 : 1 : \sqrt{3} \tag{1.10}$$

と求まる．

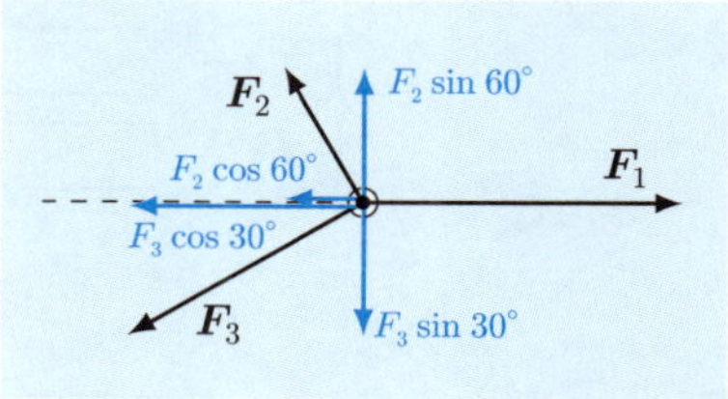

図 1.11　3 つの力のつり合い

未知の量は F_1，F_2，F_3 の 3 つ，関係式は (1.8) の 2 つです．それゆえ，F_1，F_2，F_3 の値を完全には決めることができません．これは F_1，F_2，F_3 の全てを定数倍しても同じ関係が成り立つからです．

実践例題メニュー 1.4 力のつり合い

図 1.12 のように，物体に力 $\boldsymbol{F}_1$ [N], $\boldsymbol{F}_2$ [N], $\boldsymbol{F}_3$ [N] が働いており，それらの力がつり合っている．力 $\boldsymbol{F}_1$ の作用線と力 $\boldsymbol{F}_2$, $\boldsymbol{F}_3$ との成す角が，それぞれ 45°, 30° であるとき，これらの力の大きさ F_1, F_2, F_3 の関係を求めなさい．

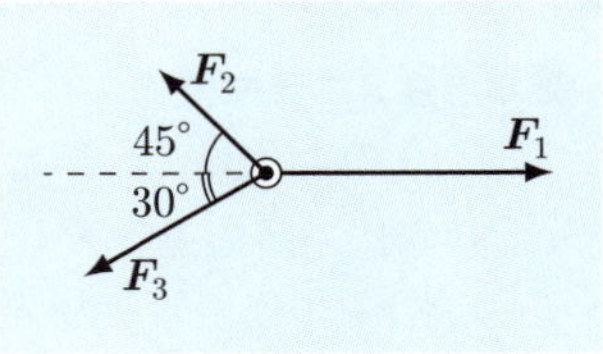

図 1.12　3つの力のつり合い

【材料】

Ⓐ 力の分解，Ⓑ 力のつり合い，Ⓒ $\sin 30° = \frac{1}{2}$, $\cos 30° = \frac{\sqrt{3}}{2}$, $\sin 45° = \frac{1}{\sqrt{2}}$, $\cos 45° = \frac{1}{\sqrt{2}}$

【レシピと解答】

Step1　力 $\boldsymbol{F}_2$, $\boldsymbol{F}_3$ を $\boldsymbol{F}_1$ に平行な成分と水平な成分に分け，それぞれの成分について，力のつり合いの式を立てる．

$$\begin{cases} \boldsymbol{F}_1 \text{ に平行な成分：} F_1 - F_2 \boxed{①\quad} - F_3 \boxed{②\quad} = 0 \\ \boldsymbol{F}_1 \text{ に垂直な成分：} F_2 \boxed{③\quad} - F_3 \boxed{④\quad} = 0 \end{cases} \tag{1.11}$$

Step2　上の式を連立させて，F_1, F_2, F_3 の間の関係を求める．

$$\begin{cases} F_3 = \boxed{⑤\quad} \\ F_1 = \boxed{⑥\quad} \end{cases} \tag{1.12}$$

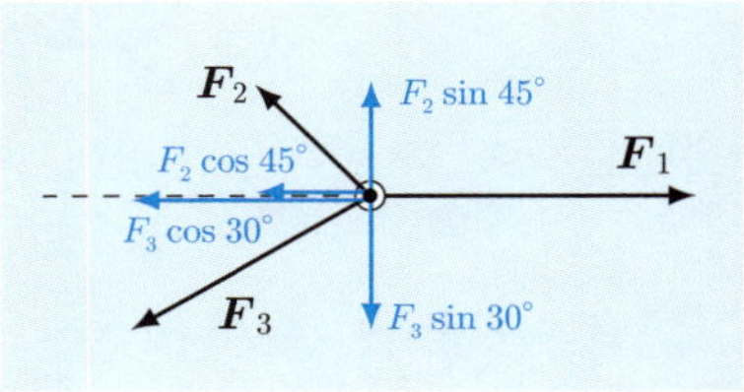

図 1.13　3つの力のつり合い

より，

$$F_1 : F_2 : F_3 = \boxed{⑦\quad} \tag{1.13}$$

と求まる．

【実践例題解答】 ① $\cos 45°$　② $\cos 30°$　③ $\sin 45°$　④ $\sin 30°$　⑤ $\sqrt{2}\,F_2$
⑥ $\frac{F_2}{\sqrt{2}} + \frac{\sqrt{3}\,F_3}{2} = \frac{F_2}{\sqrt{2}} + \frac{\sqrt{3}\,F_2}{\sqrt{2}} = \frac{(1+\sqrt{3})F_2}{\sqrt{2}}$　⑦ $1 + \sqrt{3} : \sqrt{2} : 2$

1.4　いろいろな力

糸の張力　物体に糸を付けて鉛直に吊したとき，物体が落下しないのは，重力と反対向きに糸が物体を引いているからである．このような，ぴんと張った糸が物体に及ぼす力を糸の**張力**（ちょうりょく）という．

糸が軽い（質量が無視できる）とき，糸の両端における張力の大きさは等しくなります（問題 1.10）．

ばねの弾性力　図 1.14 のように，水平な床面上でばねの一端を固定し，他端におもりを付ける．そして，おもりを押したり引いたりしてばねを伸び縮みさせると，おもりはばねから力を及ぼされる．このように，ばねが伸び縮みするときに，物体に及ぼす力を**ばねの弾性力**（だんせいりょく）という．ばねの弾性力の向きはばねの伸び（または縮み）と逆向きで，その大きさはばねの自然の長さ（**自然長**（しぜんちょう））からの伸びが小さいときには，自然長からの伸びに比例する．すなわち，自然長からの伸びを x [m] とすれば，ばねの弾性力の大きさは次のように表せる．

$$F_{\text{弾性力}} = kx \text{ [N]} \tag{1.14}$$

これを**フックの法則**という．ここで比例定数 k [N/m] を**ばね定数**（ていすう）という．

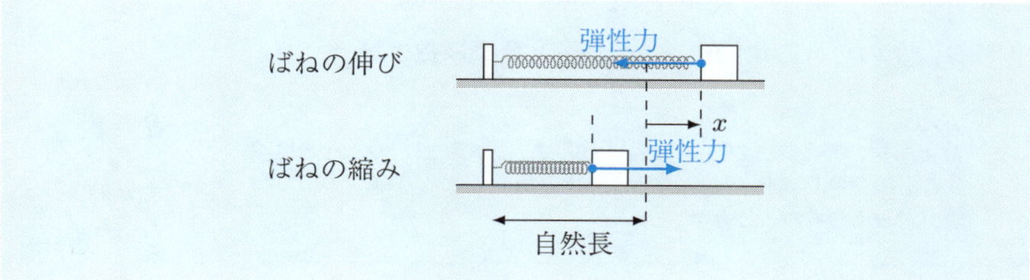

図 1.14　ばねの弾性力

ゴムひもにおもりを付けたときも，ばねと同様に伸びに比例する力を考えることができます．ただしゴムひもの場合は，ばねと違い自然長から伸びたときにのみ力が働きます．

面から受ける力（垂直抗力と摩擦力） 物体が面と接しているとき，物体が面から受ける力の面に垂直な成分を**垂直抗力**といい，平行な成分を**摩擦力**という．摩擦力のうちで，面に対して静止している物体に働く摩擦力を**静止摩擦力**という．

図 1.15 のように，粗い水平面上に置かれた物体に水平方向の力 $\boldsymbol{F}$ [N] を加えた場合，加える力の大きさ F が小さいうちは摩擦力のために，物体は静止したままである．

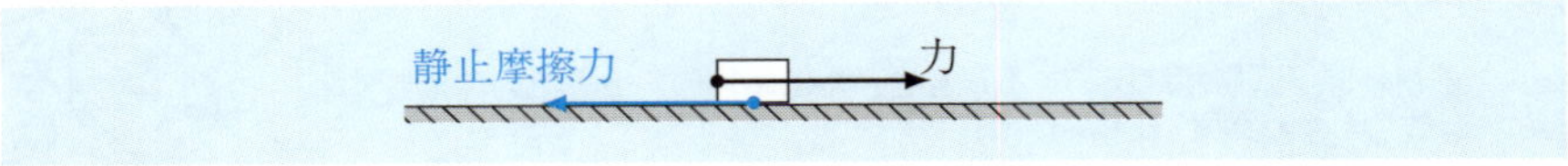

図 1.15 摩擦力

物理では慣用的に，面から摩擦力が働かない場合，その面を「滑らかな面」といい，摩擦力が働く場合，その面を「粗い面」といいます．

F をだんだんと大きくしていくと，それに応じて静止摩擦力も大きくなる．そして，F がある値を超えたところで物体は動き始める．静止摩擦力の大きさは，物体が動き始める直前に最大値となる．このときの摩擦力を**最大摩擦力**という．

最大摩擦力の大きさは，垂直抗力の大きさに比例して大きくなる．したがって，垂直抗力の大きさを N [N] とすると，最大摩擦力の大きさ $F_{\text{最大摩擦}}$ [N] は，

$$F_{\text{最大摩擦}} = \mu N \text{ [N]} \tag{1.15}$$

と書ける．このときの比例係数 μ（ミュー）を**静止摩擦係数**という．

静止摩擦力の大きさが μN と書けるのは，最大摩擦力のときだけであることに注意しましょう．通常，静止摩擦力の大きさは力のつり合いから求めることができます．

物体に働く力を見つけよう

難易度 ★☆☆

基本例題メニュー 1.5 重力とばねの弾性力

図 1.16 のように，軽いばねの一端を天井に固定し，他端に質量 m [kg] のおもりを吊したところ，ばねは自然長から d [m] だけ伸びて静止した．重力加速度の大きさを g [m/s^2] として，このばねのばね定数 k [N/m] を m, g で表しなさい．

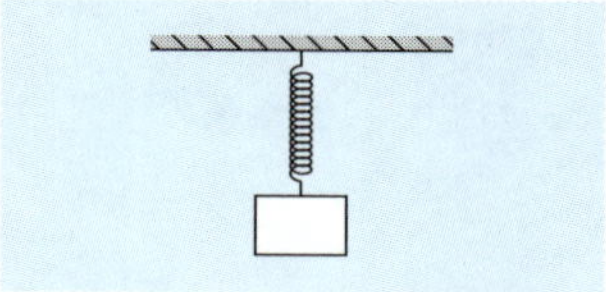

図 1.16 ばねに吊されたおもりに働く力

【材料】

Ⓐ 重力（大きさ：$W = mg$），Ⓑ ばねの弾性力（大きさ：$F_{弾性力} = kd$），Ⓒ 力のつり合い

【レシピと解答】

Step1 物体に働く力を見つける．

(a) 注目している物体を太線で囲む（図 1.17 (a)）．

(b) 注目している物体が物体以外と接している箇所に点を打つ（図 1.17 (b)）．

(c) 上で打った点を作用点とする力 $\boldsymbol{F}_{弾性力}$ を描く（図 1.17 (c)）．

(d) 物体の重心を作用点とするように重力 $\boldsymbol{W}$ を描く（図 1.17 (d)）．

この作業を行えば，物体に働く力はばねの弾性力と重力だとわかる．

Step2 力のつり合いの式よりばね定数 k を求める．

力のつり合いの式は

$$W - F_{弾性力} = 0$$

である．これに $W = mg$ [N], $F_{弾性力} = kd$ [N] を代入して，$mg - kd = 0$ を得る．これを変形して，$k = \frac{mg}{d}$ [N/m] を得る．

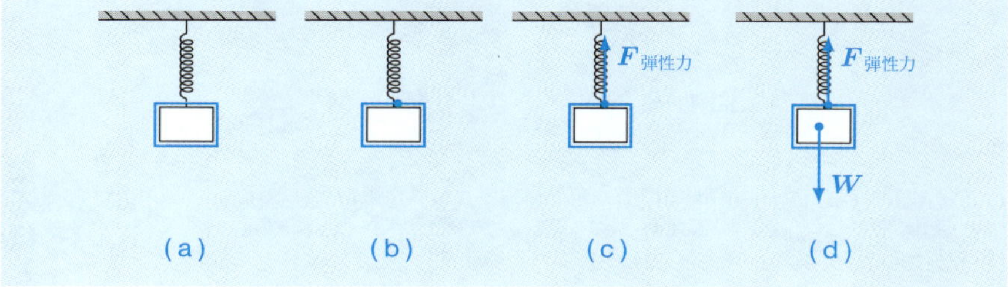

図 1.17 ばねに吊されたおもりに働く力

実践例題メニュー 1.6 重力と糸の張力

図 1.18 のように，伸び縮みしない軽い糸の一端を天井に固定し，他端に質量 m [kg] のおもりを吊す．重力加速度の大きさを g [m/s^2] として，おもりに働く糸の張力の大きさを m, g で表しなさい．

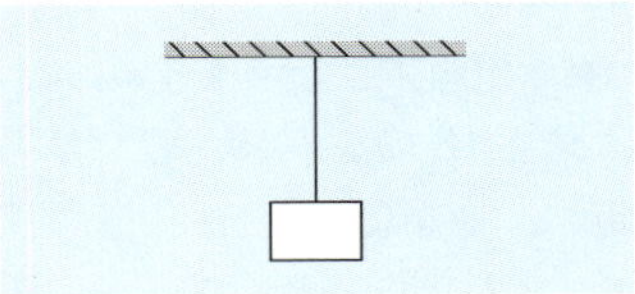

図 1.18 糸に吊されたおもりに働く力

【材料】 Ⓐ 重力（大きさ：$W = mg$），Ⓑ 糸の張力，Ⓒ 力のつり合い

【レシピと解答】

Step1 物体に働く力を見つける．

(a) 注目している物体を太線で囲む（図 1.19 (a)）．

(b) 注目している物体が物体以外と接している箇所に点を打つ（図 1.19 (b)）．

(c) 上で打った点を作用点とする糸の張力 $\boldsymbol{T}$ を描く（図 1.19 (c)）．

(d) 物体の重心を作用点とするように重力 $\boldsymbol{W}$ を描く（図 1.19 (d)）．この作業を行えば，物体に働く力は糸の張力 $\boldsymbol{T}$ と重力 $\boldsymbol{W}$ だとわかる．

Step2 力のつり合いの式より張力の大きさ T を求める．

力のつり合いの式は ① [ ] であり，重力の大きさ W を m と g で表せば $W =$ ② [ ] [N] であるから，糸の張力の大きさは $T =$ ③ [ ] [N] と求まる．

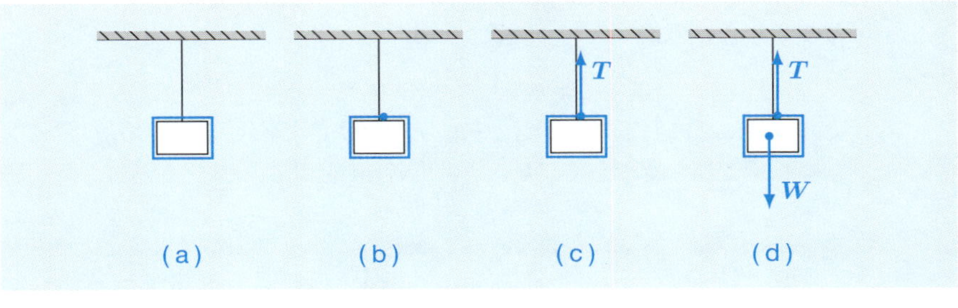

図 1.19 糸に吊されたおもりに働く力

重力と作用・反作用の関係にある力を見つけるには，重力を「地球が物体を引く力」といい換えるとよいでしょう．そうすると，重力の反作用は「物体が地球を引く力」と見つけられます．

【実践例題解答】 ① $W - T = 0$ ② mg ③ mg

問　題

1.5 図 1.20 のように，水平と成す角 θ [°] の滑らかな斜面上に，伸び縮みしない軽い糸の付いた，質量 m [kg] の物体を置き，糸を斜面に対して 30° の方向に引いて物体を静止させた．このとき，糸の張力と垂直抗力の大きさを求めなさい．ただし，重力加速度の大きさを g [m/s^2] とする．

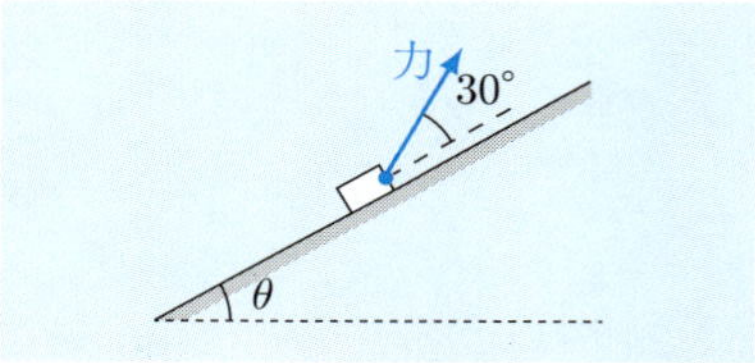

図 1.20　斜面上の物体に働く力の分解

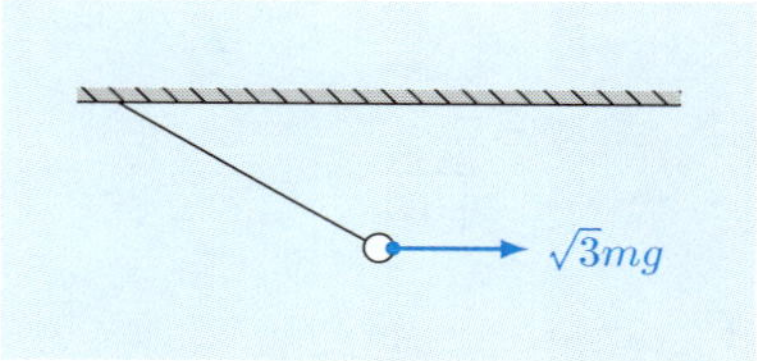

図 1.21　天井に吊したおもりに働く力のつり合い

1.6 図 1.21 のように質量 m [kg] のおもりを伸び縮みしない軽い糸で天井から吊し，水平方向に大きさ $\sqrt{3}\,mg$ [N] の力で引く．ひもが水平と成す角を求めなさい．ただし，g [m/s^2] は重力加速度の大きさである．

1.7 水平と成す角 θ [°] の粗い板上に小物体を置き，θ の値を徐々に大きくしていくと，$\theta = \theta_0$ [°] を超えたところで，物体は斜面を滑り始めた．この物体と床面との間の静止摩擦係数を求めなさい．

1.8 水平で粗い床面の上に質量 1.0 kg の物体が置かれている．この物体に水平方向の力を加え，その力の大きさを徐々に大きくしていくと，力の大きさが 4.0 N を超えたところで物体は動き出した．この物体と床面との間の静止摩擦係数を求めなさい．ただし，重力加速度の大きさを 9.8 m/s^2 とする．

1.9 図 1.22 のように水平な机の上に質量 0.50 kg の本 A を置き，本 A の上に質量 0.30 kg の本 B を置いた．本 A, B に働く力を挙げ，それぞれの力の大きさを求めなさい．ただし，重力加速度の大きさを 9.8 m/s^2 とする．

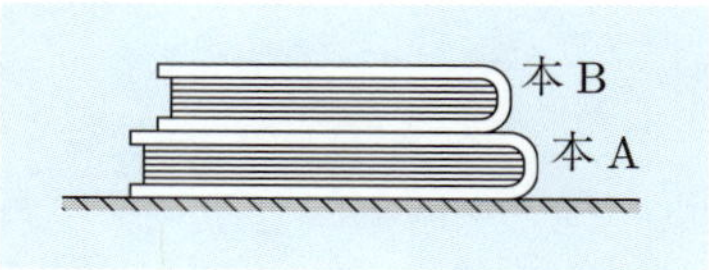

図 1.22　机の上に置かれた 2 冊の本

> 物体が複数ある場合には，1 つずつ注目し，それぞれの物体について力を見つける作業をしましょう．

1.10　図 1.23 のように，質量 m_A [kg], m_B [kg] のおもり A, B に軽くて伸び縮みしない糸 1, 2 を取り付け，図のように天井から鉛直に吊す．おもり A, B に働く力を全て挙げ，重力加速度の大きさを g [m/s^2] として，それらの大きさを m_A, m_B, g で表しなさい．

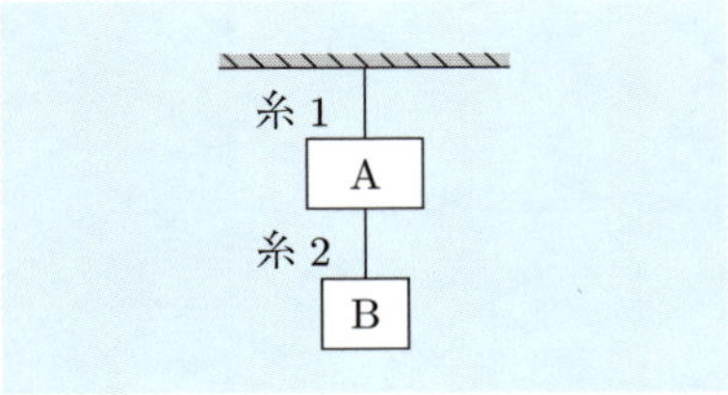

図 1.23　糸に吊された 2 物体に働く力

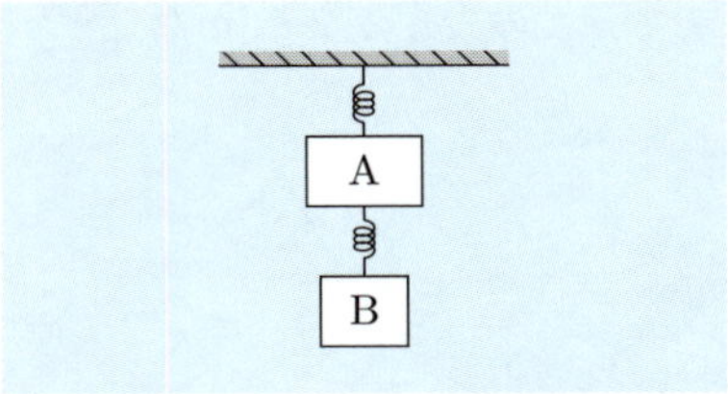

図 1.24　ばねで吊された 2 物体に働く力

1.11　図 1.24 のように，ばね定数 k [N/m] の軽いばねの一端を天井に固定し，他端に質量 m_A [kg] のおもり A を付ける．さらに，物体 A の下に同じばね定数 k [N/m] の軽いばねで質量 m_B [kg] のおもり B を取り付ける．おもり A, B に働く力を全て挙げ，重力加速度の大きさを g [m/s^2] として，それらの大きさを m_A, m_B, g で表しなさい．また，2 つのばねの自然長からの伸びをそれぞれ，m_A, m_B, g, k で表しなさい．

1.12　図 1.25 のように定滑車，軽い動滑車，伸び縮みしない軽いひもを用いて質量 3.0 kg のおもりを持ち上げて静止させる．このとき，ひもを引く力の大きさを求めなさい．ただし，ひもと滑車の間の摩擦はないものとし，重力加速度の大きさを 9.8 m/s^2 とする．

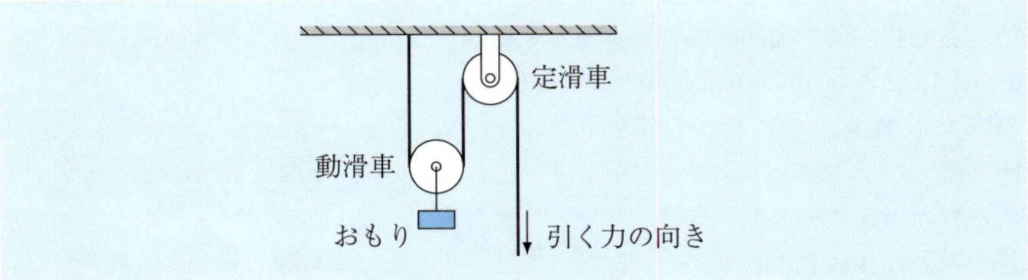

図 1.25　滑車を用いた力のつり合い

定滑車は力の向きを変える際に，動滑車は引く力の大きさを小さくする際に使われています．

第2章 位置・速度・加速度

この章では，運動を記述するための基本的な物理量である，位置，速度，加速度について学ぼう．そして，それらの間の関係を，グラフを用いる方法と，微分・積分を用いる方法の2つの方法で理解しよう．

2.1 座標系と位置

質 点 物体の大きさを無視し，物体を「質量を持った点」と考える．これを**質点**（しってん）という．特に断らない限りは，物体は質点とみなせるものとする．また，物体の大きさが無視できない場合は，第9章で扱う．

直交座標系 3次元空間中の質点Pの位置を決めるために，原点Oと，Oを通り互いに直交する**座標軸**（ざひょうじく）（x, y, z 軸）を指定する．Oと座標軸を決めた場合，点Pの位置は，図2.1のように，点Pを通って座標軸に平行に引いた直交する3本の直線と，座標軸とで作られる直方体の3辺の符号も含めた長さ x [m], y [m], z [m] で定めることができる．これを**座標**といい，このように定める座標系を**直交座標系**（ちょっこうざひょうけい）という．

極座標系 位置を表す方法は直交座標系だけでない．例えば，平面上の点Pの位置は，図2.2のように，動径 r [m] と方位角 θ [rad] を用いて定めることもできる（弧度法については59ページ参照）．このように定める座標系を**極座標系**（きょくざひょうけい）という．

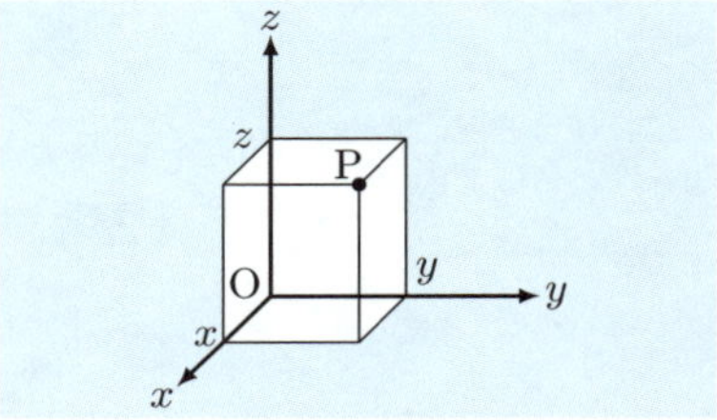

図2.1 直交座標系

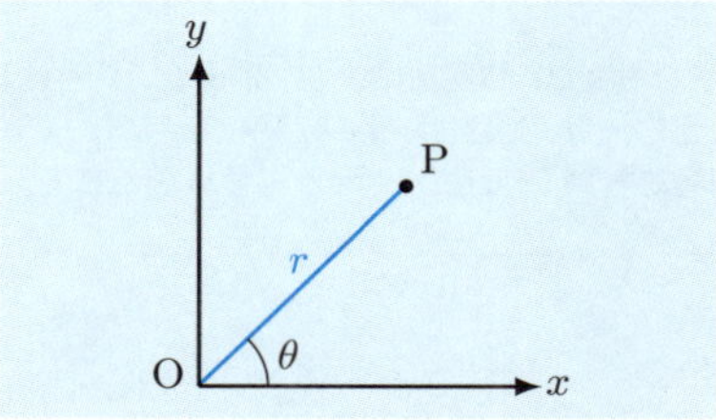

図2.2 2次元極座標系

位置ベクトル　図 2.3 のように，原点 O から点 P までの矢印 $\boldsymbol{r} = (x, y, z)$ を引き，それによって質点の位置を表す．この矢印 $\boldsymbol{r}$ を**位置ベクトル**という．

> 時刻 t [s] における位置 $\boldsymbol{r}$ [m] を，$\boldsymbol{r}(t)$ [m] と表します．$\boldsymbol{r}(t)$ は，$\boldsymbol{r} \times t$ ではないので，注意しましょう．

変　位　位置の変化を表すために，図 2.4 のように時刻 t [s] での位置 $\boldsymbol{r}(t)$ [m] から，$t + \Delta t$ [s] での位置 $\boldsymbol{r}(t + \Delta t)$ [m] までのベクトルとして**変位**（へんい）を定義する．これを式で書くと，次のようになる．

$$\Delta \boldsymbol{r} = \boldsymbol{r}(t + \Delta t) - \boldsymbol{r}(t) \ [\mathrm{m}] \tag{2.1}$$

定義から明らかなように，変位ははじめの位置 $\boldsymbol{r}(t)$ と終わりの位置 $\boldsymbol{r}(t + \Delta t)$ のみで決まり，途中の経路によらない．

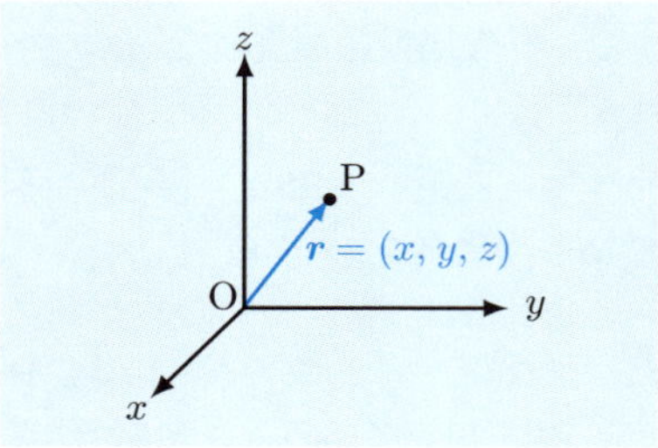

図 2.3　位置ベクトル

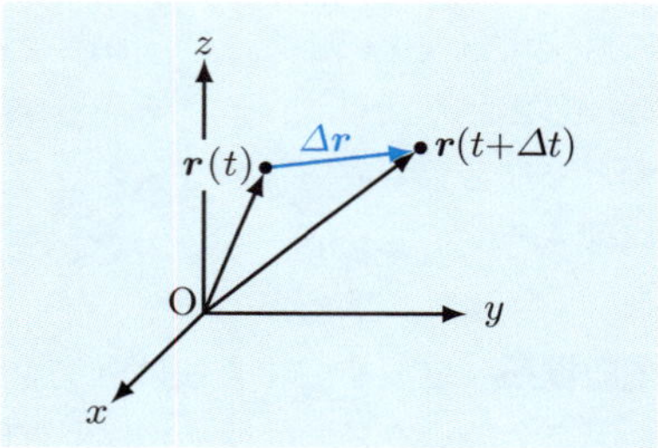

図 2.4　変位

> 時間 Δt や変位 $\Delta \boldsymbol{r}$ は $\Delta \times t$, $\Delta \times \boldsymbol{r}$ ではなく，Δt, $\Delta \boldsymbol{r}$ で，それぞれ，「t の変化」，「$\boldsymbol{r}$ の変化」を表しています．これから速度の変化等も計算しますが，そのような場合にも同様に $\Delta \boldsymbol{v}$ 等と表します．

変位と移動距離の違いを理解しよう

難易度 ★☆☆

基本例題メニュー 2.1 変位と移動距離

図 2.5 の A → B → C → D → E のように物体を移動させたとき，物体の変位および総移動距離を求めなさい．

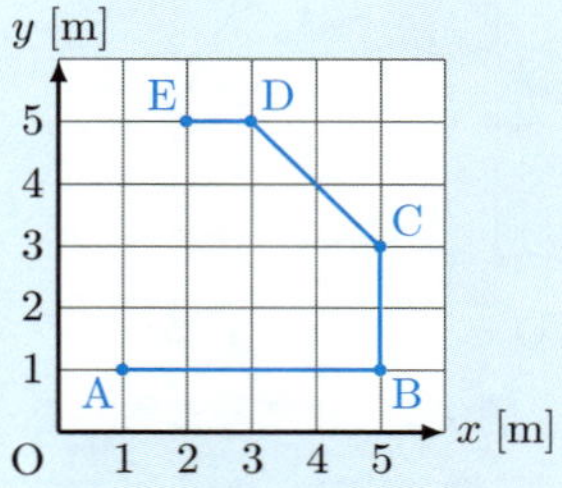

図 2.5 変位と移動距離

【材料】

変位：$\Delta \boldsymbol{r} = \boldsymbol{r}(t + \Delta t) - \boldsymbol{r}(t)$ [m]

【レシピと解答】

Step1 はじめの点 A から終わりの点 E までのベクトル（変位ベクトル）$\Delta \boldsymbol{r}$ を描く（図 2.6）.

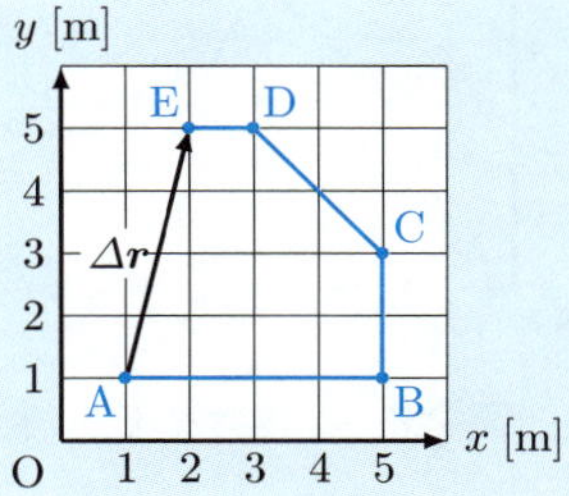

図 2.6 変位ベクトル

Step2 図より，$\Delta \boldsymbol{r}$ の値を読み取る．

$$\Delta \boldsymbol{r} = (1.0\,\mathrm{m}, 4.0\,\mathrm{m}) \tag{2.2}$$

Step3 A → B → C → D → E の移動距離を全て足して，総移動距離を求める．

$$(\text{総移動距離}) = 4.0 + 2.0 + 2.0\sqrt{2.0} + 1.0 = 9.8\not{2}\,\mathrm{m} \tag{2.3}$$

実践例題メニュー 2.2　　変位と移動距離

図 2.7 の A → B → C → D → E のように物体を移動させたとき，物体の変位および総移動距離を求めなさい．

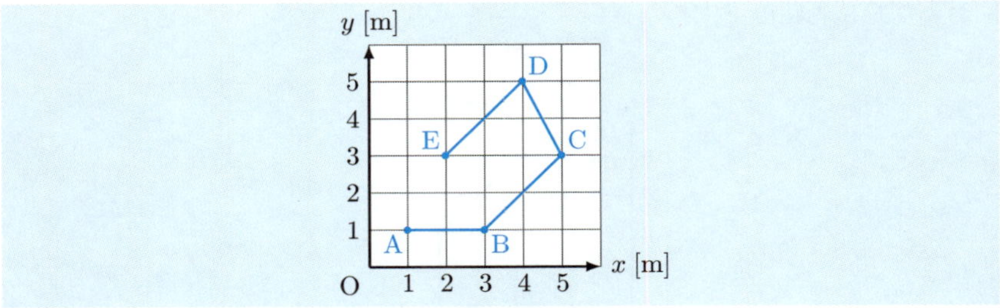

図 2.7　変位と移動距離

【材料】

変位：$\Delta \boldsymbol{r} = \boldsymbol{r}(t + \Delta t) - \boldsymbol{r}(t)$ [m]

【レシピと解答】

Step1　はじめの点 A から終わりの点 E までのベクトル（変位ベクトル）$\Delta \boldsymbol{r}$ を描く（図 2.8）．

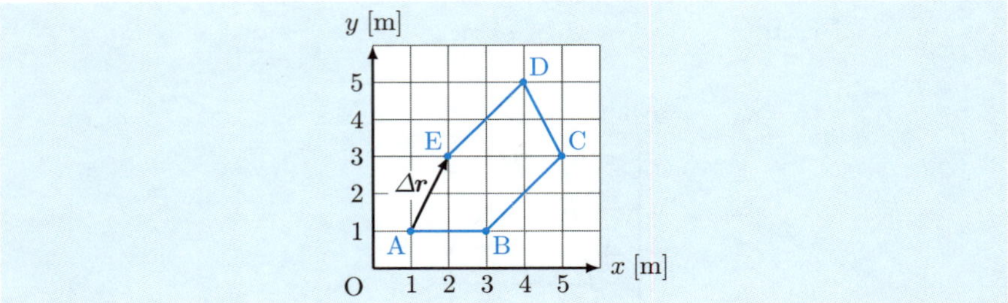

図 2.8　変位ベクトル

Step2　図より，$\Delta \boldsymbol{r}$ の値を読み取る．

$$\Delta \boldsymbol{r} = (\boxed{①}\ \mathrm{m},\ \boxed{②}\ \mathrm{m}) \tag{2.4}$$

Step3　A → B → C → D → E の移動距離を全て足して，総移動距離を求める．

$$（総移動距離）= \boxed{③}\ \mathrm{m} \tag{2.5}$$

【実践例題解答】　① 1.0　② 2.0　③ $2.0 + 2.0\sqrt{2.0} + \sqrt{5.0} + 2.0\sqrt{2.0} = 9.$~~89~~ 9

2.2　速度と加速度

速　度　物体の 1 s 当たりの変位を**速度**という．時間の単位は s，変位の単位は m であるから，速度の単位は m/s（メートル毎秒）である．

図 2.9 のように 1 s 毎の物体の位置に点を描いたときに，点と点の間で速度が変化しないと近似すれば，隣り合う時刻の点から点まで引いた変位ベクトルが，その間の時刻の速度 $\boldsymbol{v}$ に対応する．

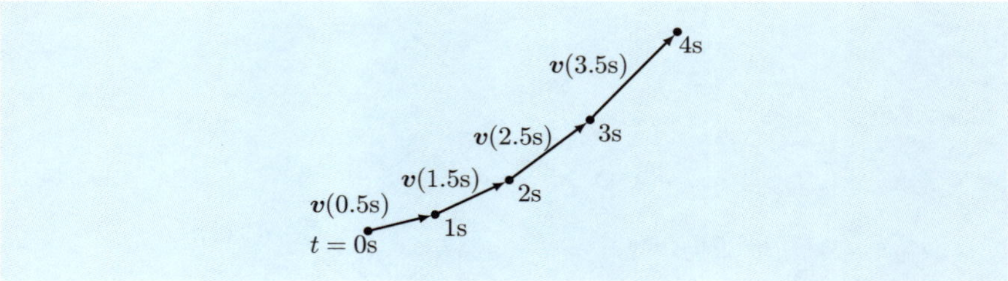

図 2.9　速度

平均の速度　物体が時間 $t \sim t + \Delta t$ [s] の間の変位を $\boldsymbol{r}$ [m] としたとき，この物体の時間 $t \sim t + \Delta t$ の間の**平均の速度** $\overline{\boldsymbol{v}}$ は，次のように定義される．

$$\overline{\boldsymbol{v}} = \frac{\Delta \boldsymbol{r}}{\Delta t} = \frac{\boldsymbol{r}(t + \Delta t) - \boldsymbol{r}(t)}{\Delta t} \ \text{[m/s]} \tag{2.6}$$

瞬間の速度　Δt [s] として非常に短い時間を考え，その間の変位を $\Delta \boldsymbol{r}$ [m] としたとき，時刻 t におけるこの物体の**瞬間の速度** $\boldsymbol{v}(t)$ は，次のように定義される．

$$\boldsymbol{v}(t) = \lim_{\Delta t \to 0} \frac{\Delta \boldsymbol{r}}{\Delta t} \ \text{[m/s]} \tag{2.7}$$

瞬間の速度を，単に速度ともいう．また，速度（瞬間の速度）の大きさを**速さ**という．

「速度」と「速さ」の違いに注意しましょう．
速度：大きさと向きを持つベクトル量
速さ：速度（瞬間の速度）の大きさ
平均の速さが，必ずしも平均の速度の大きさとはいえないことに注意しましょう．

加速度　1 s 当たりの速度の変化を**加速度**という．加速度も速度と同じように，大きさと向きを持つベクトル量であり，その向きは速度の変化の向きに等しい．

速度の単位は m/s，時間の単位は s であるから，加速度の単位は $\mathrm{m/s^2}$（メートル毎秒毎秒）である．

図 2.10 のように 1 s 毎の物体の速度ベクトルをその始点を揃えて描いたときに，その間で加速度が変化しないと近似すれば，隣り合う時刻の速度ベクトルの間に引いたベクトルが，その間の時刻の加速度 $\boldsymbol{a}(t)$ に対応する．

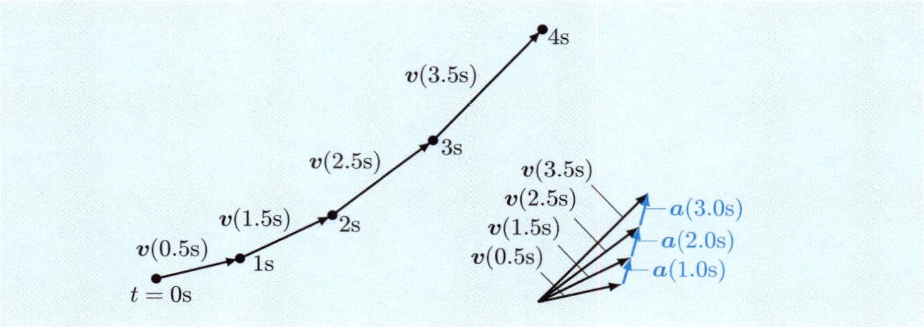

図 2.10　加速度

平均の加速度　時間 $t \sim t+\Delta t$ [s] の間の速度の変化を $\Delta \boldsymbol{v}$ [m/s] としたとき，この物体の時間 $t \sim t+\Delta t$ の間の**平均の加速度** $\overline{\boldsymbol{a}}$ は，次のように定義される．

$$\overline{\boldsymbol{a}} = \frac{\Delta \boldsymbol{v}}{\Delta t} = \frac{\boldsymbol{v}(t+\Delta t) - \boldsymbol{v}(t)}{\Delta t} \ [\mathrm{m/s^2}] \tag{2.8}$$

瞬間の加速度　Δt [s] として非常に短い時間を考え，その間の速度の変化を $\Delta \boldsymbol{v}$ [m/s] としたとき，時刻 t におけるこの物体の**瞬間の加速度** $\boldsymbol{a}(t)$ は，次のように定義される．

$$\boldsymbol{a}(t) = \lim_{\Delta t \to 0} \frac{\Delta \boldsymbol{v}}{\Delta t} \ [\mathrm{m/s^2}] \tag{2.9}$$

瞬間の加速度を，単に加速度ともいう．

図から速度，加速度を読み取ろう

難易度 ★★☆

基本例題メニュー 2.3　速度と加速度

図 2.11 は，x 軸に沿って運動する物体の $t = 0.0 \sim 5.0\,\mathrm{s}$ の位置を $1\,\mathrm{s}$ 毎に表したものである．各時刻の速度および加速度を求めなさい．ただし，点と点の間で速度は変化しないと近似できるとする．

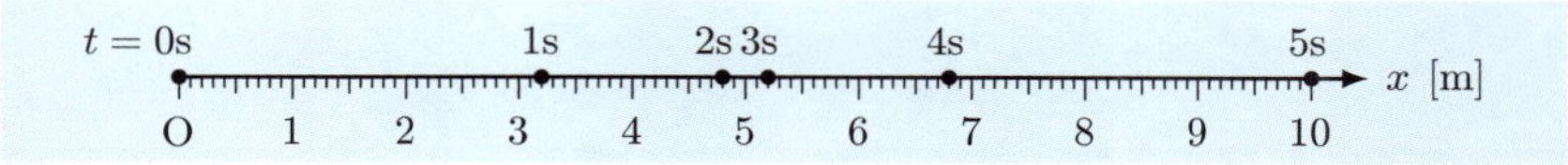

図 2.11　1 s 毎の物体の位置

【材料】 Ⓐ 速度の定義：1 s 当たりの変位，Ⓑ 加速度の定義：1 s 当たりの速度の変化

【レシピと解答】

Step1　1 s 当たりの変位が速度であるから，隣り合う時刻の間の変位ベクトルを描く．これが速度ベクトルである．

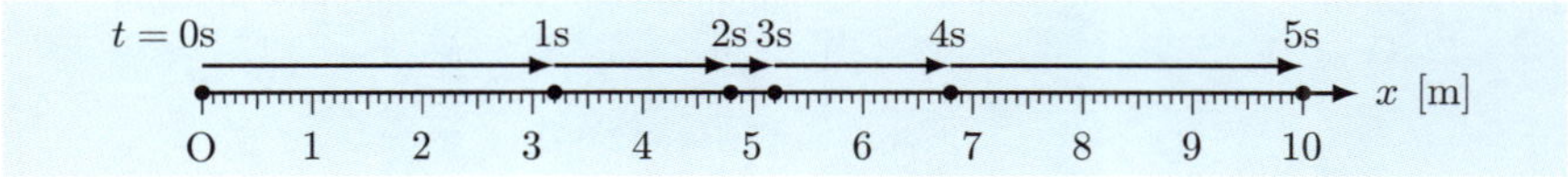

図 2.12　速度ベクトルの作図を用いた解法

Step2　1 s 当たりの速度の変化が加速度であるから，隣り合う時刻の間の速度の差を描く．これが加速度ベクトルである．

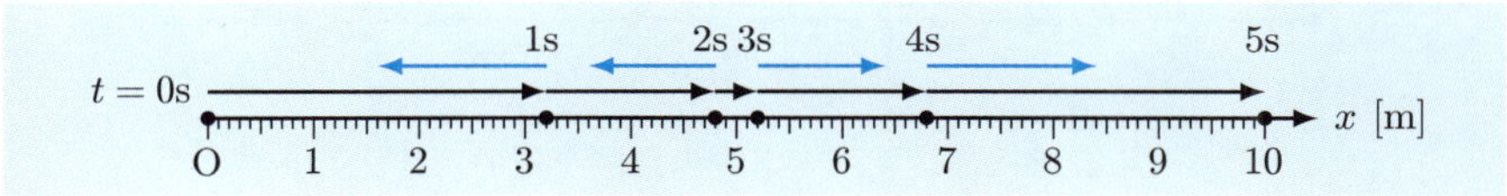

図 2.13　加速度ベクトルの作図を用いた解法

Step3　各時刻の速度ベクトル，加速度ベクトルの長さを測り，各時刻の速度，加速度の値を求める．

t [s]	0.5	1.5	2.5	3.5	4.5
v_x [m/s]	3.2	1.6	0.4	1.6	3.2

t [s]	1.0	2.0	3.0	4.0
a_x [m/s^2]	−1.6	−1.2	1.2	1.6

直線に沿った物体の運動において，加速度と速度が同じ向きの場合は物体は加速し，逆向きの場合は物体は減速します．加速度の向きと運動の向き（速度の向き）は一致するとは限らないことに注意しましょう．

実践例題メニュー 2.4　　速度と加速度

図 2.14 は，x 軸に沿って運動する物体の $t = 0.0 \sim 5.0\,\mathrm{s}$ の位置を 1 s 毎に表したものである．各時刻の速度および加速度を求めなさい．ただし，点と点の間で速度は変化しないと近似できるとする．

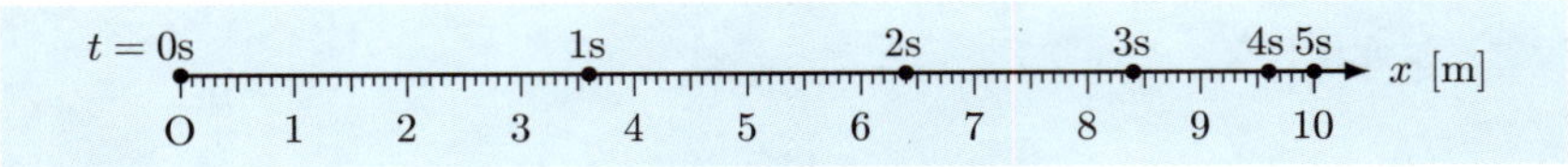

図 2.14　1 s 毎の物体の位置

【材料】Ⓐ 速度の定義：1 s 当たりの変位，Ⓑ 加速度の定義：1 s 当たりの速度の変化

【レシピと解答】

Step1　1 s 当たりの変位が速度であるから，隣り合う時刻の間の変位ベクトルを描く．これが速度ベクトルである．

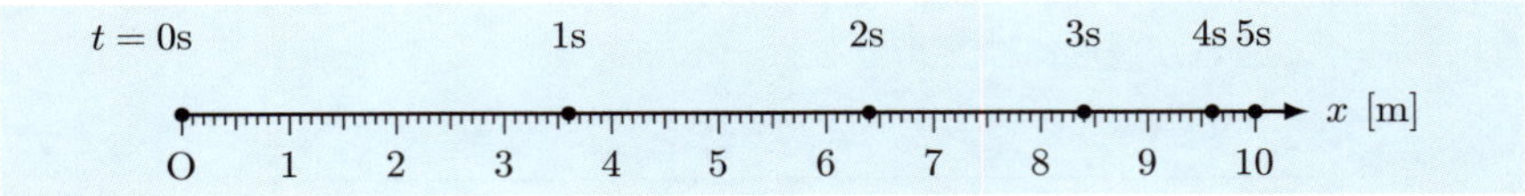

図 2.15　速度ベクトルの作図を用いた解法

Step2　1 s 当たりの速度の変化が加速度であるから，隣り合う時刻の間の速度の差を描く．これが加速度ベクトルである．

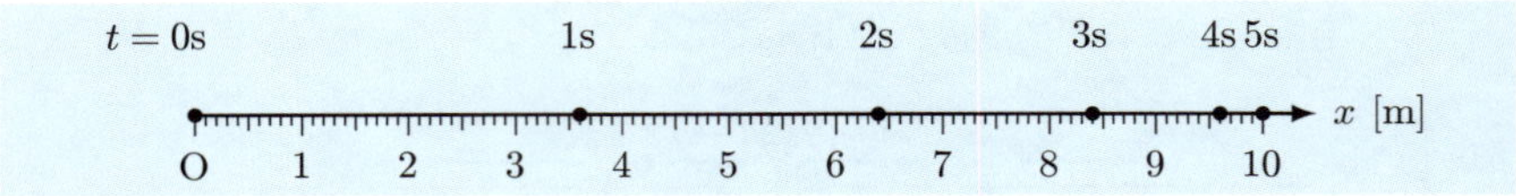

図 2.16　加速度ベクトルの作図を用いた解法

Step3　各時刻の速度ベクトル，加速度ベクトルの長さを測り，各時刻の速度，加速度の値を求める．

t [s]	0.5	1.5	2.5	3.5	4.5
v_x [m/s]	3.6	①	②	③	④

t [s]	1.0	2.0	3.0	4.0
a_x [m/s^2]	−0.8	⑤	⑥	⑦

変位，速度，加速度の違いを理解しよう．
- 変位　：物体の位置の変化
- 速度　：物体の 1 s 当たりの変位
- 加速度：物体の 1 s 当たりの速度の変化

【実践例題解答】① 2.8　② 2.0　③ 1.2　④ 0.4　⑤ −0.8　⑥ −0.8　⑦ −0.8

問 題

2.1 図 2.17(a)～(c) は，x 軸に沿って運動する物体の $t = 0.0 \sim 5.0\,\mathrm{s}$ の位置を $1\,\mathrm{s}$ 毎に表したものである．各時刻の速度および加速度を求めなさい．ただし，点と点の間で速度は変化しないと近似できるとする．

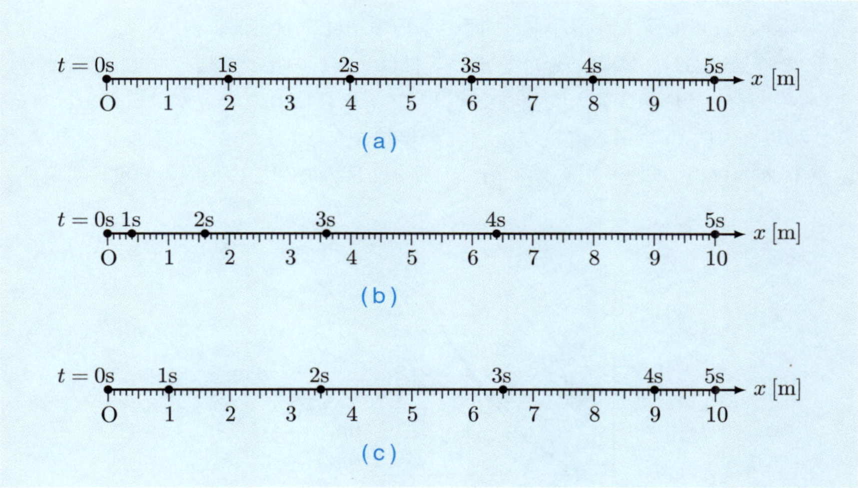

図 2.17 1 s 毎の物体の位置

2.2 図 2.18 は，平面上を運動する物体の位置を 1 s 毎に表したものである．まず，図に速度ベクトルを描き込みなさい．次に，図に加速度ベクトルを描き込みなさい．ただし，点と点との間の速度は一定であると近似する．

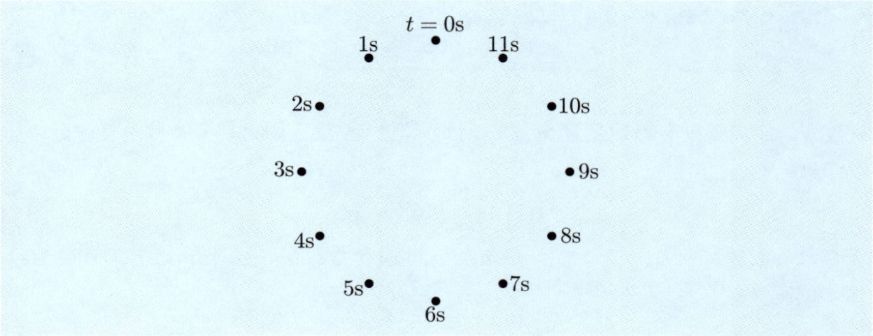

図 2.18 等速円運動における 1 s 毎の物体の位置

2.3 位置，速度，加速度のグラフ

x–t グラフの接線の傾きと速度 図 2.19 の x–t グラフで表される x 軸に沿った運動を考えよう．曲線 $x(t)$ 上の 2 点 P, Q を通る直線の傾きは $\frac{\Delta x}{\Delta t}$ [m/s] と表すことができる．したがって，x–t グラフにおいて 2 点 P, Q を通る直線の傾きが，点 P の時刻 t_P [s] から点 Q の時刻 t_Q [s] の間の平均の速度に対応する．

点 P の時刻における瞬間の速度を求めるには，$\frac{\Delta x}{\Delta t}$ の Δt を限りなく 0 に近づければよい．これは点 P を固定したまま，点 Q を点 P に限りなく近づけることに対応する．この場合，P, Q を通る直線は点 P での接線になる．したがって，x–t グラフにおける点 P での接線の傾き $\lim_{\Delta t \to 0} \frac{\Delta x}{\Delta t}$ [m/s] が，点 P の時刻での瞬間の速度に対応する．

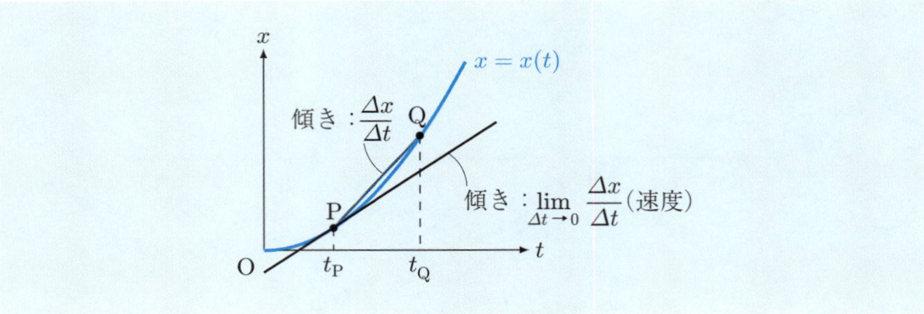

図 2.19 x–t グラフの傾きと速度

a を縦軸，b を横軸としたグラフを，a–b グラフといいます．間違えて縦軸と横軸を逆にしないようにしましょう．

速度が一定の運動を**等速度運動**（とうそくどうんどう），または，**等速直線運動**（とうそくちょくせんうんどう）という．等速度運動の x–t グラフは

$$x(t) = v_x t + x_0 \text{ [m]} \tag{2.10}$$

で表される直線になる．ここで，v_x [m/s] は速度であり，x_0 [m] は $t = 0$ における物体の位置である．

v–t グラフの接線の傾きと加速度　速度 v_x を縦軸，時間 t を横軸としたグラフを v–t グラフという．v–t グラフにおける接線の傾きと加速度の関係は，x–t グラフにおける接線の傾きと速度の関係と同様に考えることができる．すなわち，v–t グラフにおいて，2 点 P, Q を結ぶ直線の傾き $\frac{\Delta v_x}{\Delta t}$ $[\mathrm{m/s^2}]$ が点 P の時刻 t_{P} [s] から点 Q の時刻 t_{Q} [s] の間の平均の加速度に対応する．また，点 P における接線の傾き $\lim_{\Delta t \to 0} \frac{\Delta v_x}{\Delta t}$ $[\mathrm{m/s^2}]$ が，点 P の時刻での瞬間の加速度に対応する．

v–t グラフの面積と変位　v–t グラフにおいて，グラフの曲線，t 軸，$t = t_{始}$ および $t = t_{終}$ の直線に囲まれた部分の面積（図 2.20 の網掛け部分の面積）は，$t = t_{始} \sim t_{終}$ の間の変位に対応している．

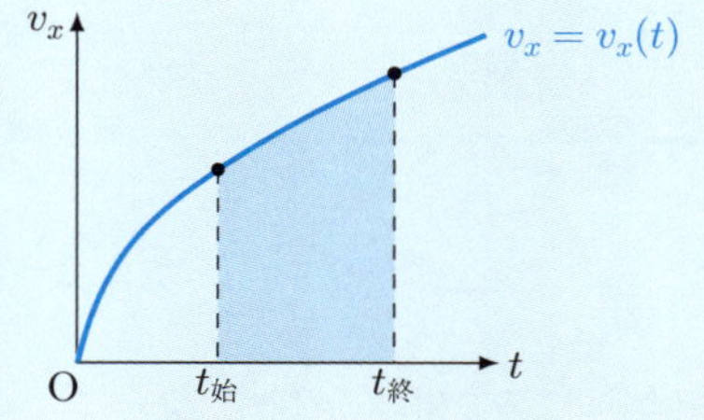

図 2.20　v–t グラフの面積と変位

x 軸に沿った運動では，変位は正と負の値を取ります．それなので，v–t グラフの時間 t 軸より上の部分の面積は正，下の部分の面積は負と考えます．

加速度が一定の運動を**等加速度運動**という．特に，直線に沿った等加速度運動を**等加速度直線運動**という．等加速度直線運動の v–t グラフは

$$v_x(t) = at + v_0 \ [\mathrm{m/s}] \tag{2.11}$$

で表される直線になる．ここで，a $[\mathrm{m/s^2}]$ は加速度であり，v_0 [m/s] は初速度である．

a–t グラフの面積と速度の変化　縦軸を加速度 a，横軸を時間 t としたグラフを a–t グラフという．a–t グラフにおいて，グラフの曲線，t 軸，$t = t_{始}$ および $t = t_{終}$ の直線に囲まれた部分の面積は，$t = t_{始} \sim t_{終}$ の間の速度の変化に対応している．

グラフから運動を読み取ろう

難易度 ★★☆

基本例題メニュー 2.5　　v–t グラフ

x 軸に沿って運動している物体の速度が図 2.21 の v–t グラフで表されるとき，$t = 0.0 \sim 6.0\,\mathrm{s}$ の間の物体の変位を求めなさい．

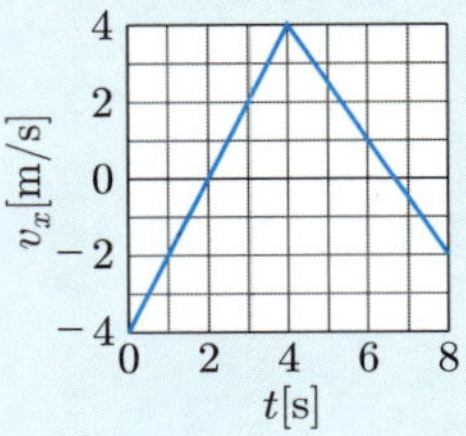

図 2.21　v–t グラフ

【材料】

v–t グラフの面積が変位

【レシピと解答】

Step1　変位に対応する箇所に色を付ける（図 2.22）．

Step2　$v_x = 0$ より上の部分の面積 $\Delta x_{上}$ を求める．

$$\Delta x_{上} = 9.0\,\mathrm{m} \tag{2.12}$$

Step3　$v_x = 0$ より下の部分の面積 $\Delta x_{下}$ を求める．

$$\Delta x_{下} = 4.0\,\mathrm{m} \tag{2.13}$$

Step4　符号に注意して (2.12), (2.13) の値を足し，変位を求める．

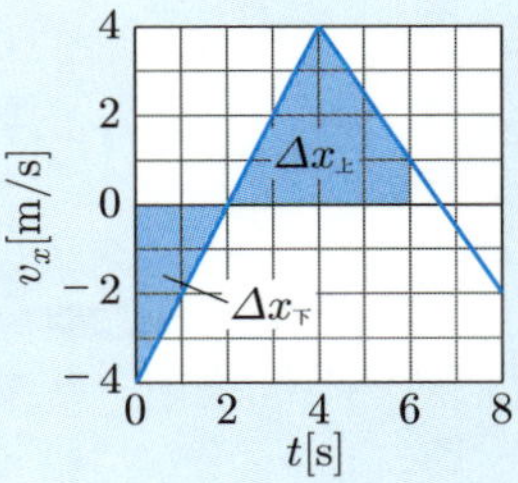

図 2.22　v–t グラフ

$$\begin{aligned}(\text{変位}) &= \Delta x_{上} + (-\Delta x_{下}) \\ &= 9.0 - 4.0 = 5.0\,\mathrm{m}\end{aligned} \tag{2.14}$$

したがって，$t = 0.0 \sim 6.0\,\mathrm{s}$ の間の物体の変位は $5.0\,\mathrm{m}$ となる．

実践例題メニュー 2.6　　v–t グラフ

x 軸に沿って運動している物体の速度が図 2.23 の実線で表されるとき，$t = 4.0\,\mathrm{s}$ における物体の速度を求めなさい．ただし，図の破線は $t = 4.0\,\mathrm{s}$ における接線である．

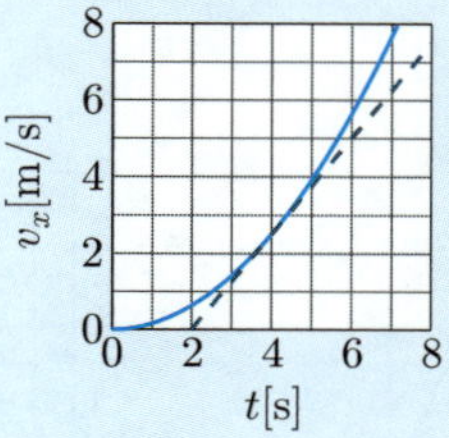

図 2.23　v–t グラフ

【材料】

v–t グラフの接線の傾きが加速度

【レシピと解答】

Step1　接線上の 2 点の値を読み取る．

ここでは，$t = 2.0\,\mathrm{s}$, $t = 6.0\,\mathrm{s}$ の値が読み取りやすいので，その値 $(t, x) = (2.0\,\mathrm{s}, 0.0\,\mathrm{m})$, $(6.0\,\mathrm{s}, 5.0\,\mathrm{m})$ を採用する．

Step2　上の 2 点を用いて傾きを求める．

$$a_x = \frac{\boxed{①\quad}\ \mathrm{m/s}}{\boxed{②\quad}\ \mathrm{s}} = \boxed{③\quad}\ \mathrm{m/s^2} \qquad (2.15)$$

接線の傾きを求めるとき，$t = 4.0\,\mathrm{s}$ の x の値 $x = 2.5\,\mathrm{m}$ を読み取り，

$$\frac{x}{t} = \frac{2.5}{4.0} = 0.6\cancel{25}^{3}$$

としないように注意しましょう．

【実践例題解答】　①　$5.0 - 0.0 = 5.0$　②　$6.0 - 2.0 = 4.0$　③　$1.\cancel{25}^{3}$

問　題

2.3 x 軸に沿って等加速度直線運動する物体の x–t グラフは2次曲線になることを示しなさい．

2.4 x 軸に沿って運動する物体の a–t グラフが，それぞれ，図 2.24 (a), (b) のように表される場合，物体の時刻 $t = 8.0\,\mathrm{s}$ における速度を求めなさい．ただし，$t = 0.0\,\mathrm{s}$ における物体の速度を $v_x(0) = 10\,\mathrm{m/s}$ とする．

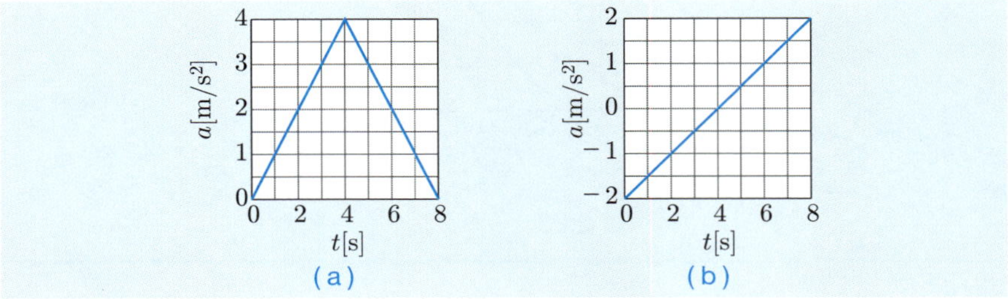

図 2.24 a–t グラフ

2.5 $t = 0.0\,\mathrm{s}$ に2つの物体 A, B が原点 O を出発し，x 軸に沿って運動した．図 2.25 は物体 A, B の速度を表したものである．原点を出発してから物体 A が物体 B に再び追いつく時刻を求めなさい．

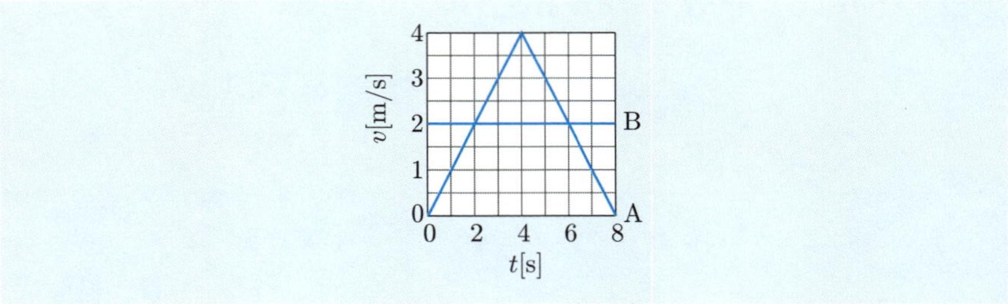

図 2.25 物体 A, B の v–t グラフ

2.6 ある小型ロケットは $t = 0.0\,\mathrm{s}$ に地上から鉛直上方に発射されると，鉛直上向き，大きさ $4.0\,\mathrm{m/s^2}$ の一定の加速度で 12.0 s 間だけ運動する．12.0 s 後に燃料は全て使用されると，鉛直下向きに大きさ $8.0\,\mathrm{m/s^2}$ の加速度で運動する．

(a) このロケットの v–t グラフを描きなさい．

(b) ロケットが再び地上に戻ってくる時刻を求めなさい．

2.4　位置・速度・加速度の関係と微分・積分

位置・速度・加速度の関係と微分　微分はグラフの接線の傾きを求めることに対応するので，位置 $\boldsymbol{r}$ [m]，速度 $\boldsymbol{v}$ [m/s] および加速度 $\boldsymbol{a}$ [m/s^2] の間の関係は，時間 t [s] についての導関数を用いて次のように書ける．

$$\boldsymbol{v}(t) = \frac{d\boldsymbol{r}}{dt}\ [\mathrm{m/s}] \tag{2.16}$$

$$\boldsymbol{a}(t) = \frac{d\boldsymbol{v}}{dt} = \frac{d^2\boldsymbol{r}}{dt^2}\ [\mathrm{m/s^2}] \tag{2.17}$$

$f(t)$ の t についての導関数を，$f(t)'$ と書くこともありますが，ここでは何で微分したかが明らかなように，$f(t)$ の t についての導関数を $\frac{df}{dt}$ と書きます．同様に，$f(t)$ の t についての 2 次導関数を $\frac{d^2f}{dt^2}$ と書きます．「$\frac{df}{dt}$」は導関数を表しているので，d で約分してしまわないように注意しましょう．

位置・速度・加速度の関係と積分　積分はグラフの面積を求めることに対応するので，位置 $\boldsymbol{r}$ [m]，速度 $\boldsymbol{v}$ [m/s] および加速度 $\boldsymbol{a}$ [m/s^2] の間の関係は，時間 t [s] についての積分を用いて次のように書ける．

$$\boldsymbol{r}(t) - \boldsymbol{r}(0) = \int_0^t \boldsymbol{v}(t)\,dt\ [\mathrm{m}] \tag{2.18}$$

$$\boldsymbol{v}(t) - \boldsymbol{v}(0) = \int_0^t \boldsymbol{a}(t)\,dt\ [\mathrm{m/s}] \tag{2.19}$$

次の位置，速度，加速度の関係を覚えましょう．

位置 ⇄ 速度 ⇄ 加速度（→ 微分，← 積分）

微分を用いて位置から速度，加速度を求めよう

難易度 ★☆☆

基本例題メニュー 2.7 位置・速度・加速度の関係と微分

x 軸に沿って運動する小物体の時刻 t [s] における位置 x が

$$x(t) = t^3 - 6t^2 + 3 \text{ [m]} \tag{2.20}$$

で与えられている．この小物体の加速度が $0.0\,\mathrm{m/s^2}$ になる時刻，およびそのときの位置と速度を，微分を用いて求めなさい．

【材料】

Ⓐ 微分を用いた位置と速度の関係：$\boldsymbol{v}(t) = \frac{d\boldsymbol{r}}{dt}$，Ⓑ 微分を用いた速度と加速度の関係：$\boldsymbol{a}(t) = \frac{d\boldsymbol{v}}{dt}$，Ⓒ t^n の導関数：$\frac{dt^n}{dt} = nt^{n-1}$

【レシピと解答】

Step1 位置 $x(t)$ を時間 t で微分して物体の速度を求める．

$$v_x(t) = \frac{dx}{dt} = \frac{d}{dt}(t^3 - 6t^2 + 3) = 3t^2 - 12t \text{ [m/s]} \tag{2.21}$$

Step2 速度 $v_x(t)$ を時間 t で微分して物体の加速度を求める．

$$a_x(t) = \frac{dv_x}{dt} = \frac{d}{dt}(3t^2 - 12t) = 6t - 12 \text{ [m/s}^2\text{]} \tag{2.22}$$

Step3 (2.22) において，$a_x(t) = 0$ として t について解き，$a_x(t) = 0$ となる時刻を求める．

$$t = \frac{12}{6} = 2\,\mathrm{s} \tag{2.23}$$

Step4 (2.23) を位置 (2.20)，速度 (2.21) の式に代入して，加速度が 0 となるときの物体の位置，速度を求める．

$$x(2\,\mathrm{s}) = 2^3 - 6 \times 2^2 + 3 = 8 - 24 + 3 = -13\,\mathrm{m} \tag{2.24}$$

$$v_x(2\,\mathrm{s}) = 3 \times 2^2 - 12 \times 2 = 12 - 24 = -12\,\mathrm{m/s} \tag{2.25}$$

実践例題メニュー 2.8　位置・速度・加速度の関係と微分

x 軸に沿って運動する小物体の時刻 t [s] における位置 x が

$$x(t) = 4t^3 - 6t^2 + t \ [\mathrm{m}] \qquad (2.26)$$

で与えられている．この小物体の加速度が $0.0\ \mathrm{m/s^2}$ になる時刻，およびそのときの位置と速度を，微分を用いて求めなさい．

【材料】

Ⓐ 微分を用いた位置と速度の関係：$\boldsymbol{v}(t) = \frac{d\boldsymbol{r}}{dt}$，Ⓑ 微分を用いた速度と加速度の関係：$\boldsymbol{a}(t) = \frac{d\boldsymbol{v}}{dt}$，Ⓒ t^n の導関数：$\frac{dt^n}{dt} = nt^{n-1}$

【レシピと解答】

Step1　位置 $x(t)$ を時間 t で微分して物体の速度を求める．

$$v_x(t) = \frac{dx}{dt} = \boxed{\text{①}\qquad\qquad} \ [\mathrm{m/s}] \qquad (2.27)$$

Step2　速度 $v_x(t)$ を時間 t で微分して物体の加速度を求める．

$$a_x(t) = \frac{dv_x}{dt} = \boxed{\text{②}\qquad\qquad} \ [\mathrm{m/s^2}] \qquad (2.28)$$

Step3　(2.28) において，$a_x(t) = 0$ として t について解き，$a_x(t) = 0$ となる時刻を求める．

$$t = \boxed{\text{③}\qquad} \ \mathrm{s} \qquad (2.29)$$

Step4　(2.29) を位置，速度の式に代入して，加速度が 0 となるときの物体の位置，速度を求める．

$$x\,(\boxed{\text{③}\qquad}\ \mathrm{s}) = \boxed{\text{④}\qquad}\ \mathrm{m} \qquad (2.30)$$

$$v_x\,(\boxed{\text{③}\qquad}\ \mathrm{s}) = \boxed{\text{⑤}\qquad}\ \mathrm{m/s} \qquad (2.31)$$

【実践例題解答】 ① $12t^2 - 12t + 1$　② $24t - 12$　③ $\frac{12}{24} = 0.50$　④ -0.50　⑤ -2.0

積分を用いて加速度から速度，位置を求めよう

難易度 ★★☆

基本例題メニュー 2.9　位置・速度・加速度の関係と積分

x 軸に沿って運動する質点の時刻 t [s] における加速度 a_x が

$$a_x(t) = 6t^2 - 30\ [\mathrm{m/s^2}] \tag{2.32}$$

で与えられている．この小物体の任意の時刻における位置および速度を積分を用いて求めなさい．ただし，$t = 0$ における物体の位置と速度を，それぞれ，$x(0) = 0.0\ \mathrm{m}$, $v_x(0) = 0.0\ \mathrm{m/s}$ とする．

【材料】

Ⓐ 積分を用いた速度と加速度の関係：$\boldsymbol{v}(t) - \boldsymbol{v}(0) = \int_0^t \boldsymbol{a}(t)\,dt$, Ⓑ 積分を用いた位置と速度の関係：$\boldsymbol{r}(t) - \boldsymbol{r}(0) = \int_0^t \boldsymbol{v}(t)\,dt$

【レシピと解答】

Step1　加速度 $a_x(t)$ を時間 t で0から t まで積分して，速度の変化 $v_x(t) - v_x(0)$ を求める．

$$\begin{aligned} v_x(t) - v_x(0) &= \int_0^t a_x(t)\,dt \\ &= \int_0^t (6t^2 - 30)\,dt \\ &= \left[2t^3 - 30t\right]_0^t = 2t^3 - 30t\ [\mathrm{m/s}] \end{aligned} \tag{2.33}$$

Step2　(2.33) に初速度 $v_x(0) = 0$ を代入して，任意の時刻 t の速度 $v_x(t)$ を求める．

$$v_x(t) = 2t^3 - 30t\ [\mathrm{m/s}] \tag{2.34}$$

Step3　速度 $v_x(t)$ を時間 t で0から t まで積分して，変位 $x(t) - x(0)$ を求める．

$$\begin{aligned} x(t) - x(0) &= \int_0^t v_x(t)\,dt = \int_0^t (2t^3 - 30t)\,dt \\ &= \left[\frac{1}{2}t^4 - 15t^2\right]_0^t = \frac{1}{2}t^4 - 15t^2\ [\mathrm{m}] \end{aligned} \tag{2.35}$$

Step4　(2.35) に初期位置 $x(0) = 0$ を代入して，任意の時刻 t の位置 $x(t)$ を求める．

$$x(t) = \frac{1}{2}t^4 - 15t^2\ [\mathrm{m}] \tag{2.36}$$

実践例題メニュー 2.10　**位置・速度・加速度の関係と積分**

x 軸に沿って運動する小物体の時刻 t [s] における加速度 a_x が

$$a_x(t) = 12t^2 - 30 \ [\mathrm{m/s^2}] \tag{2.37}$$

で与えられている．この質点の任意の時刻における位置および速度を積分を用いて求めなさい．ただし，$t = 0$ における物体の位置と速度を，それぞれ，$x(0) = 0.0\,\mathrm{m}$，$v_x(0) = 0.0\,\mathrm{m/s}$ とする．

【材料】

Ⓐ 積分を用いた速度と加速度の関係：$\boldsymbol{v}(t) - \boldsymbol{v}(0) = \int_0^t \boldsymbol{a}(t)\,dt$，Ⓑ 積分を用いた位置と速度の関係：$\boldsymbol{r}(t) - \boldsymbol{r}(0) = \int_0^t \boldsymbol{v}(t)\,dt$

【レシピと解答】

Step1　加速度 $a_x(t)$ を時間 t で 0 から t まで積分して，速度の変化 $v_x(t) - v_x(0)$ を求める．

$$v_x(t) - v_x(0) = \int_0^t a_x(t)\,dt$$

$$= \boxed{①\qquad\qquad} \ [\mathrm{m/s}] \tag{2.38}$$

Step2　(2.38) に初速度 $v_x(0) = 0$ を代入して，任意の時刻 t の速度 $v_x(t)$ を求める．

$$v_x(t) = \boxed{②\qquad} \ [\mathrm{m/s}] \tag{2.39}$$

Step3　速度 $v_x(t)$ を時間 t で 0 から t まで積分して，変位 $x(t) - x(0)$ を求める．

$$x(t) - x(0) = \boxed{③\qquad\qquad} \ [\mathrm{m}] \tag{2.40}$$

Step4　(2.40) に初期位置 $x(0) = 0$ を代入して，任意の時刻 t の位置 $x(t)$ を求める．

$$x(t) = \boxed{④\qquad} \ [\mathrm{m}] \tag{2.41}$$

【実践例題解答】　① $\int_0^t (12t^2 - 30)\,dt = \left[4t^3 - 30t\right]_0^t = 4t^3 - 30t$　② $4t^3 - 30t$　③ $\int_0^t (4t^3 - 30t)\,dt = \left[t^4 - 15t^2\right]_0^t = t^4 - 15t^2$　④ $t^4 - 15t^2$

問　題

2.7　x 軸に沿って運動する小物体の時刻 t [s] における位置 x [m] が，次のように与えられている．この小物体の加速度が 0 になる時刻，および，そのときの位置と速度を微分を用いて求めなさい．

(a)　$x = Vt$（V：定数）

(b)　$x = At^2 + Vt$　（A, V：定数）

(c)　$x = C\sin(\omega t)$　（C, ω：定数）

(d)　$x = C\cos(\omega t)$　（C, ω：定数）

(e)　$x = Ce^{-\lambda t}$　（C, λ：定数）

2.8　xy 平面上を運動する小物体の任意の時刻 t [s] における位置が，C, ω を定数として，

$$x = C\cos(\omega t)\ [\mathrm{m}], \quad y = C\sin(\omega t)\ [\mathrm{m}] \tag{2.42}$$

と書ける．この小物体の t [s] における速度と加速度を求め，それらの向きの関係を説明しなさい．

2.9　x 軸上を運動する小物体がある．この物体の時刻 t [s] における加速度 $a_x(t)$ [m/s^2]，および $t = 0$ における位置 $x(0)$ [m]，速度 $v_x(0)$ [m/s] が次のように与えられるとき，時刻 t における位置と速度を積分を用いて求めなさい．

(a)　$a_x(t) = Ct$　（C：定数），$x(0) = 0$, $v_x(0) = 0$

(b)　$a_x(t) = Ct$　（C：定数），$x(0) = 0$, $v_x(0) = v_0$（v_0：定数）

(c)　$a_x(t) = Ct^2$（C：定数），$x(0) = 0$, $v_x(0) = 0$

(d)　$a_x(t) = Ct^3$（C：定数），$x(0) = 0$, $v_x(0) = 0$

第3章 力と加速度

ニュートンの運動の法則について学ぼう．そして，簡単な運動の問題を解くことで，運動を解析する方法を習得しよう．

3.1 慣性の法則

慣　性　机の上で木片を滑らせても，木片はすぐに止まってしまう．しかし，氷上の物体に速度を与えると，その後，力を加えなくても，物体は長く運動を続ける．物体には，摩擦力など運動をさまたげる力が働かない限り，速度を一定に保って運動をし続ける性質がある．物体が運動状態を保とうとする性質を**慣性**(かんせい)という．

> 電車が急停車すると倒れそうになります．電車の中の人は，電車と同じ速度で運動しようとしますが，床との間に摩擦力が働くので倒れそうになるのです．

慣性の法則　物体に力が働いていないか，あるいは，物体に働く力の合力が0であるとき，静止している物体は静止し続け，運動している物体は等速直線運動を続ける．これを**慣性の法則**（**運動の第1法則**）という．

> 物体が静止しているときだけではなく，物体が等速直線運動しているときも，物体に働く正味の力は0ですので，間違わないようにしましょう．

慣性の法則が成り立つ座標系を**慣性座標系**(かんせいざひょうけい)（**慣性系**(かんせいけい)）といい，慣性の法則が成り立たない座標系を**非慣性座標系**(ひかんせいざひょうけい)（**非慣性系**(ひかんせいけい)）という．地上に固定された座標系は，近似的に慣性座標系とみなすことができる．

3.2 運動の法則

運動の法則 質点に力が働くとき，質点には力と同じ向きに加速度が生じる．加速度の大きさは，働いた力の大きさに比例し，質点の質量に反比例する．これを**運動の法則**（**運動の第2法則**）という．

運動方程式 物体に力 $\boldsymbol{F}$ が働くとき，物体に生じる加速度を $\boldsymbol{a}$ とすれば，運動の法則は，

$$\boldsymbol{a} = k\frac{\boldsymbol{F}}{m} \tag{3.1}$$

と書ける．ここで，比例定数 k の値は，加速度，力および質量の単位の選び方で決まる．質量の単位として kg，加速度の単位として m/s^2 を選んだとき，(3.1) の比例定数が 1 となるように定められた力の単位が N（ニュートン）である．

したがって，質量 m [kg] の物体に $\boldsymbol{F}$ [N] の力が働いたときに生じる加速度を $\boldsymbol{a}$ [m/s^2] とすると，次の関係式が成り立つ．

$$m\boldsymbol{a} = \boldsymbol{F} \tag{3.2}$$

この式を**運動方程式**（うんどうほうていしき）という．運動方程式はベクトル方程式であるが，直交座標成分を用いて次のように書ける．

$$\begin{aligned} ma_x &= F_x, \\ ma_y &= F_y, \\ ma_z &= F_z \end{aligned} \tag{3.3}$$

考えている物体に複数の力が働いている場合には，(3.2) の右辺の $\boldsymbol{F}$ は，それらの力の合力にすればよい．

運動方程式を $\boldsymbol{a} = \frac{\boldsymbol{F}}{m}$ と書けば，これは物体に力 $\boldsymbol{F}$ を加えたときに生じる加速度 $\boldsymbol{a}$ を求める式になります．一方で，$\boldsymbol{F} = m\boldsymbol{a}$ と書けば，これは物体の加速度 $\boldsymbol{a}$ を測定し，その情報から物体に働いている力 $\boldsymbol{F}$ を求める式になります．

加速度は

$$\boldsymbol{a} = \frac{d^2\boldsymbol{r}}{dt^2}$$

と書けたから，運動方程式は

$$m\frac{d^2\boldsymbol{r}}{dt^2} = \boldsymbol{F} \tag{3.4}$$

と書ける．すなわち，運動方程式は 2 階の微分方程式であり，初期条件 $\boldsymbol{r}(0)$, $\boldsymbol{v}(0)$ を与えれば，その後の運動を決定できる．

運動方程式の立て方　運動方程式を立てる手順は次のようにするとよい．

(1)　座標軸を決める．

(2)　力を見つける方法（1.4 節）を用いて物体に働く力を見つける．

(3)　(2) で見つけた力が複数ある場合には，それらの力の合力を求める．

(4)　運動方程式 $m\boldsymbol{a} = \boldsymbol{F}$ の $\boldsymbol{F}$ に (3) の合力を代入して物体の運動方程式を立てる．

運動の 3 法則　ニュートンは物体に働く力がわかれば，物体の運動がこの節で扱った慣性の法則，運動の法則と 1.3 節で扱った作用・反作用の法則を用いて説明できることを示した．それゆえ，これら 3 つの法則は，**ニュートンの運動の 3 法則**とよばれる．

- 運動の第 1 法則（慣性の法則）
- 運動の第 2 法則（運動の法則）
- 運動の第 3 法則（作用・反作用の法則）

$\boldsymbol{F} = \boldsymbol{0}$ の場合は，$\boldsymbol{a} = \boldsymbol{0}$ だから質点の速度は一定になります．そう考えると運動の法則は慣性の法則を含んでいるように思われます．しかし，そう考えるのは間違いです．なぜなら運動の法則は，慣性座標系で成り立つ法則だからです．そういう意味では，慣性の法則は「慣性座標系を考える」という舞台を設定している法則であるといえます．

直線に沿った物体の運動について運動方程式を立てよう

難易度 ★★☆

基本例題メニュー 3.1　鉛直投げ上げ

時刻 $t = 0$ に地上から質量 m [kg] の小球を初速 v_0 [m/s] で投げ上げた．運動方程式を立て，それを解いて，任意の時刻 t [s] の位置と速度を求めなさい．また，小球が最高点に到達する時刻と，最高点の高さを求めなさい．ただし，重力加速度の大きさを g [m/s^2] とする．

【材料】

Ⓐ 重力（大きさ：mg），Ⓑ 運動方程式：$m\boldsymbol{a} = \boldsymbol{F}$，Ⓒ t^n の積分：$\int t^n\,dt = \frac{t^{n+1}}{n+1}$

【レシピと解答】

Step1　概略図を描き，座標軸を決定する．

図 3.1 (a) のように $t = 0$ の小球の位置を原点とし鉛直上向きを y 軸とする．

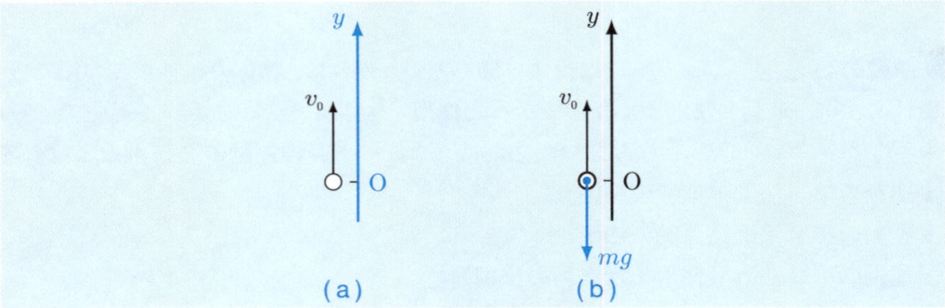

図 3.1　鉛直投げ上げ

Step2　小球に働く力を見つける．

小球に働く力は鉛直下向き，大きさ mg [N] の重力のみである（図 3.1 (b)）．したがって，$F_y = -mg$．

v_0 は初速（速さ）であり，力ではないので $F_y = v_0$ と間違えないようにしましょう．

Step3　運動方程式 $ma_y = F_y$ に小球に働く力 $F_y = -mg$ を代入して運動方程式を立てる．そして，小球の加速度を求める．

$$ma_y = -mg \quad \text{（運動方程式）} \tag{3.5}$$

両辺を m で割れば，加速度が $a_y = -g$ [m/s^2] と求まる．

いまの場合，小球は y 軸に沿って運動をするので，運動方程式は 1 つの成分（y 成分）のみ考えれば十分です．

Step4　加速度を t で 0 から t まで積分して速度の変化を求める．

$$v_y(t) - v_y(0) = \int_0^t (-g)\,dt = [-gt]_0^t = -gt \ [\mathrm{m/s}] \tag{3.6}$$

Step5　(3.6) に初速度 $v(0) = v_0$ を代入して速度を求める．

$$v_y(t) = -gt + v_0 \ [\mathrm{m/s}] \tag{3.7}$$

Step6　速度を t で 0 から t まで積分して変位を求める．

$$y(t) - y(0) = \int_0^t (-gt + v_0)\,dt = \left[-\frac{1}{2}gt^2 + v_0 t\right]_0^t$$
$$= -\frac{1}{2}gt^2 + v_0 t \ [\mathrm{m}] \tag{3.8}$$

Step7　(3.8) に初期位置 $y(0) = 0$ を代入して位置を求める．

$$y(t) = -\frac{1}{2}gt^2 + v_0 t \ [\mathrm{m}] \tag{3.9}$$

Step8　最高点では $v_y(t) = 0$ であることを用いて，最高点に到達する時刻を求める．

$v_y(t) = 0$ を代入すると

$$0 = -gt + v_0 \tag{3.10}$$

となるから，最高点に到達する時刻

$$t = \frac{v_0}{g} \ [\mathrm{s}] \tag{3.11}$$

を得る．

Step9　(3.11) を (3.9) に代入して最高点の高さを求める．

$$y = -\frac{1}{2}g\left(\frac{v_0}{g}\right)^2 + v_0\left(\frac{v_0}{g}\right) = \frac{{v_0}^2}{2g} \ [\mathrm{m}] \tag{3.12}$$

(3.5) の運動方程式 $ma_y = -mg$ の両辺を質量 m で割ると，m を消去できます．重力のような質量に比例する力のみが物体に働く場合，物体の運動は質量に無関係になります．

実践例題メニュー 3.2　　鉛直投げ下ろし

時刻 $t = 0$ に地上からの高さが h [m] の位置から，質量 m [kg] の小球を初速 v_0 [m/s] で鉛直下方に投げ下ろした．運動方程式を立て，それを解いて，任意の時刻 t [s] における小球の位置と速度を求めなさい．また，小球が地上に到達する時刻と，地上に到達する直前の速度を求めなさい（特に，$v_0 = 0$ m/s の場合のこの運動を**自由落下**（じゆうらっか）という）．ただし，重力加速度の大きさを g [m/s^2] とする．

【材料】

Ⓐ 重力（大きさ：mg），Ⓑ 運動方程式：$m\boldsymbol{a} = \boldsymbol{F}$，Ⓒ t^n の積分：$\int t^n\,dt = \frac{t^{n+1}}{n+1}$

【レシピと解答】

Step1　概略図を描き，座標軸を決定する．

図 3.2 (a) のように，地上を原点とし，鉛直上向きを y 軸とする．

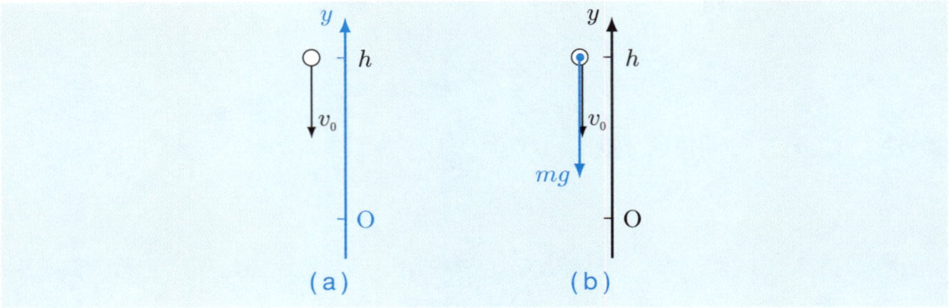

図 3.2　鉛直投げ下ろし

Step2　小球に働く力を見つける．

小球に働く力は鉛直下向き，大きさ mg [N] の重力のみである（図 3.2 (b)）．

したがって，$F_y =$ ［①　　　］ である．

Step3　運動方程式 $ma_y = F_y$ に小球に働く力 $F_y = -mg$ を代入して運動方程式を立てる．そして，小球の加速度を求める．

［②　　　　　　］　（運動方程式）　(3.13)

両辺を m で割れば，加速度 $a_y =$ ［③　　　］ [m/s^2] が求まる．

Step4　加速度を t で 0 から t まで積分して速度の変化を求める.

$$v_y(t) - v_y(0) = \boxed{④\qquad\qquad} \ [\mathrm{m/s}] \tag{3.14}$$

Step5　(3.14) に初速度 $v(0) =$ ⑤ を代入して速度を求める.

$$v_y(t) = \boxed{⑥\qquad\qquad} \ [\mathrm{m/s}] \tag{3.15}$$

Step6　速度を t で 0 から t まで積分して変位を求める.

$$y(t) - y(0) = \boxed{⑦\qquad\qquad} \ [\mathrm{m}] \tag{3.16}$$

Step7　(3.16) に初期位置 $y(0) = h$ を代入して位置を求める.

$$y(t) = \boxed{⑧\qquad\qquad} \ [\mathrm{m}] \tag{3.17}$$

Step8　地上は $y(t) = 0$ であるから，これと (3.17) を用いて地上に到達する時刻を求める.

$y(t) = 0$ を代入して，t について解けば

$$t = \boxed{⑨\qquad\qquad} \ [\mathrm{s}] \tag{3.18}$$

を得る.

ここでは，t について正負の 2 つの答えが得られますが，地上に到達する時刻は $t > 0$ ですので，正の解を取ります.

Step9　(3.15) に (3.18) を代入し，地上に到達する直前の速度を求める.

地上に到達する直前の速度は

$$v_x = \boxed{⑩\qquad\qquad} \ [\mathrm{m/s}] \tag{3.19}$$

と求まる．負符号は，速度が x 軸と逆向き（鉛直下向き）であることを表している.

【実践例題解答】 ① $-mg$　② $ma_y = -mg$　③ $-g$　④ $\int_0^t (-g)\,dt = -gt$　⑤ $-v_0$　⑥ $-gt - v_0$　⑦ $\int_0^t (-gt - v_0)\,dt = -\frac{1}{2}gt^2 - v_0 t$　⑧ $-\frac{1}{2}gt^2 - v_0 t + h$　⑨ $-\frac{v_0}{g} + \frac{1}{g}\sqrt{{v_0}^2 + 2gh}$　⑩ $-g(-\frac{v_0}{g} + \frac{1}{g}\sqrt{{v_0}^2 + 2gh}) - v_0 = -\sqrt{{v_0}^2 + 2gh}$

平面上を運動する物体の運動方程式を解こう

難易度★★★

基本例題メニュー 3.3　　斜方投射

時刻 $t = 0$ に水平からの角度 θ [°] の方向に初速 v_0 [m/s] で質量 m [kg] の小球を投げた．このときの小球の運動について，運動方程式を立て，それを解いて，任意の時刻 t [s] における小球の位置と速度を求めなさい．また，小球の軌道の式を求めなさい．ただし，重力加速度の大きさを g [m/s^2] とする．

【材料】

Ⓐ 重力（大きさ：mg），Ⓑ 運動方程式：$m\boldsymbol{a} = \boldsymbol{F}$，Ⓒ t^n の積分：$\int t^n\, dt = \frac{t^{n+1}}{n+1}$

【レシピと解答】

Step1　概略図を描き，座標軸を決定する．

図 3.3(a) のように，投げ上げた点を原点，小球の運動面内で水平方向を x 軸，鉛直上向きを y 軸とする．

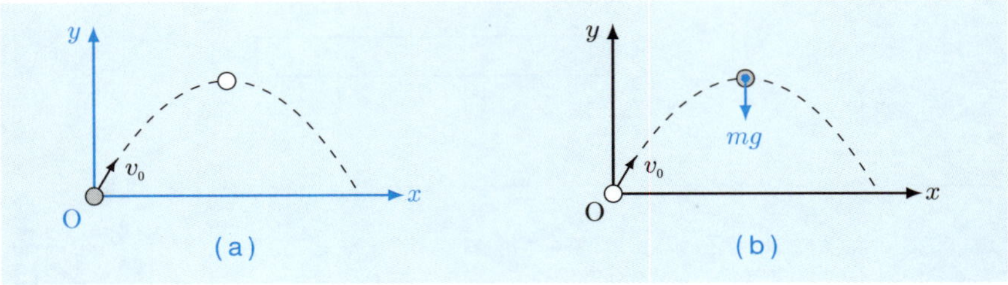

図 3.3　斜方投射

Step2　小球に働く力を見つける．

小球に働く力は鉛直下向きで大きさ mg [N] である（図 3.3(b)）．したがって，$\boldsymbol{F} = (F_x, F_y) = (0, -mg)$ である．

力の方向と運動方向（速度の方向）が異なるので間違えないようにしましょう．頂点での力の方向が進行方向である $+x$ 方向と考えるのは間違いです．

Step3　運動方程式 $m\boldsymbol{a} = \boldsymbol{F}$ に小球に働く力 $\boldsymbol{F} = (0, -mg)$ を代入して運動方程式を立てる．そして，小球の加速度を求める．

$$ma_x = 0, \quad ma_y = -mg \quad （運動方程式） \tag{3.20}$$

それぞれ，両辺を m で割ると，加速度

$$a_x = 0\,\mathrm{m/s^2}, \quad a_y = -g\ [\mathrm{m/s^2}] \tag{3.21}$$

が求まる．

Step4　加速度を t で 0 から t まで積分して速度の変化を求める．

$$v_x(t) - v_x(0) = 0\,\mathrm{m/s}, \quad v_y(t) - v_y(0) = -gt\ [\mathrm{m/s}] \tag{3.22}$$

Step5　(3.22) に初速度 $\boldsymbol{v}(0) = (v_0 \cos\theta, v_0 \sin\theta)$ を代入して速度を求める．

$$v_x(t) = v_0 \cos\theta\ [\mathrm{m/s}], \quad v_y(t) = -gt + v_0 \sin\theta\ [\mathrm{m/s}] \tag{3.23}$$

Step6　速度を t で 0 から t まで積分して変位を求める．

$$x(t) - x(0) = (v_0 \cos\theta)t\ [\mathrm{m}], \quad y(t) - y(0) = -\frac{1}{2}gt^2 + (v_0 \sin\theta)t\ [\mathrm{m}] \tag{3.24}$$

Step7　(3.24) に初期位置 $\boldsymbol{r}(0) = (0, 0)$ を代入して位置を求める．

$$x(t) = (v_0 \cos\theta)t\ [\mathrm{m}], \quad y(t) = -\frac{1}{2}gt^2 + (v_0 \sin\theta)t\ [\mathrm{m}] \tag{3.25}$$

Step8　位置 $\boldsymbol{r} = (x(t), y(t))$ の式から t を消去し，小球の軌道を求める．

x の式を変形すると

$$t = \frac{x}{v_0 \cos\theta}\ [\mathrm{s}] \tag{3.26}$$

となる．これを y の式に代入し，整理すれば軌道の式

$$\begin{aligned} y &= -\frac{1}{2}g\left(\frac{x}{v_0 \cos\theta}\right)^2 + v_0 \sin\theta\left(\frac{x}{v_0 \cos\theta}\right) \\ &= -\frac{g}{2{v_0}^2 \cos^2\theta}\left(x - \frac{{v_0}^2 \sin\theta \cos\theta}{g}\right)^2 + \frac{{v_0}^2 \sin^2\theta}{2g}\ [\mathrm{m}] \end{aligned} \tag{3.27}$$

を得る．頂点を (p, q) とする放物線の式は $y = a(x-p)^2 + q$ と表されるので，小球の軌道は

$$(x, y) = \left(\frac{{v_0}^2 \sin\theta \cos\theta}{g}, \frac{{v_0}^2 \sin^2\theta}{2g}\right) \tag{3.28}$$

を頂点とする放物線になる．

実践例題メニュー 3.4　　**水平投射**

時刻 $t=0$ に地上からの高さ h [m] の位置から，水平方向に初速 v_0 [m/s] で質量 m [kg] の小球を投げた．このときの小球の運動について，運動方程式を立て，それを解いて，任意の時刻 t [s] における小球の位置と速度を求めなさい．また，地上に到達する瞬間の速さを求めなさい．ただし，重力加速度の大きさを g [m/s^2] とする．

【材料】

Ⓐ 重力（大きさ：mg），Ⓑ 運動方程式：$m\boldsymbol{a}=\boldsymbol{F}$，Ⓒ t^n の積分：$\int t^n\,dt=\frac{t^{n+1}}{n+1}$

【レシピと解答】

Step1　概略図を描き，座標軸を決定する．

図 3.4 (a) のように，投げ上げた点を原点，小球の運動面内で水平方向を x 軸，鉛直上向きを y 軸とする．

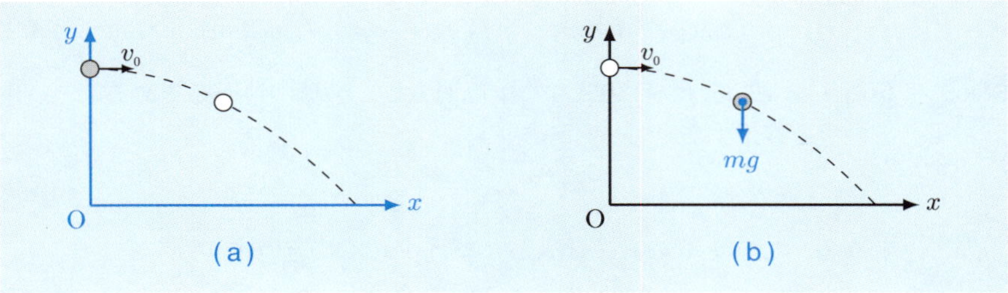

図 3.4　水平投射

Step2　小球に働いている力を見つける．

小球に働いている力は鉛直下向きで大きさ ① [N] の重力である（図 3.4 (b
したがって，

$$\boldsymbol{F}=(F_x, F_y)=\text{②}$$

である．

Step3　運動方程式 $m\boldsymbol{a}=\boldsymbol{F}$ に小球に働く力 $\boldsymbol{F}=$ ② を代入して運動方程式を立てる．そして，小球の加速度を求める．

③　（運動方程式）　(3.29)

それぞれ，両辺を m で割ると，加速度

$$a_x=\text{④}\ \mathrm{m/s^2},\quad a_y=\text{⑤}\ [\mathrm{m/s^2}] \qquad (3.30)$$

が求まる．

Step4 加速度を t で 0 から t まで積分して速度の変化を求める.

$v_x(t) - v_x(0) =$ ⑥ m/s,　$v_y(t) - v_y(0) =$ ⑦ [m/s] (3.31)

Step5 (3.31) に初速度 $\boldsymbol{v}(0) = (v_0, 0)$ を代入して速度を求める.

$v_x(t) =$ ⑧ [m/s],　$v_y(t) =$ ⑨ [m/s] (3.32)

Step6 速度を t で 0 から t まで積分して変位を求める.

$x(t) - x(0) =$ ⑩ [m],　$y(t) - y(0) =$ ⑪ [m] (3.33)

Step7 (3.33) に初期位置 $\boldsymbol{r}(0) = (0, h)$ を代入して位置を求める.

$x(t) =$ ⑫ [m],　$y(t) =$ ⑬ [m] (3.34)

Step8 地上に到達する時刻 t を求め，その瞬間の速さを求める.
地上に到達する時刻は，$y = 0$ より

$t =$ ⑭ [s] (3.35)

と求まる．これを速度の式 (3.32) に代入すると

$v_x =$ ⑮ [m/s],　$v_y =$ ⑯ [m/s] (3.36)

となるから，地上に到達する瞬間の速さは

$v =$ ⑰ [m/s] (3.37)

と求まる.

【実践例題解答】 ① mg　② $(0, -mg)$　③ $ma_x = 0,\ ma_y = -mg$　④ 0　⑤ $-g$　⑥ 0　⑦ $-gt$　⑧ v_0　⑨ $-gt$　⑩ $v_0 t$　⑪ $-\frac{1}{2}gt^2$　⑫ $v_0 t$　⑬ $-\frac{1}{2}gt^2 + h$　⑭ $\sqrt{\frac{2h}{g}}$　⑮ v_0　⑯ $-\sqrt{2gh}$　⑰ $\sqrt{{v_x}^2 + {v_y}^2} = \sqrt{v_0^2 + 2gh}$

2つの物体が一体となって運動する場合の運動方程式を解こう　難易度★★★

基本例題メニュー 3.5　滑車を介した2物体の運動

滑らかで水平な台の上に，質量 m [kg] の物体Aが置かれている．それに伸び縮みしない軽い糸を付け，滑らかに回転する軽い滑車を介して質量 M [kg] の物体Bを吊り下げる．それらを $t=0$ で静かに放すと，物体Aは水平方向に，物体Bは下向きに，同じ大きさの加速度で等加速度運動をした．任意の時刻におけるA, Bの位置と速度について，運動方程式を立て，それを解いて求めなさい．ただし，重力加速度の大きさを g [m/s^2] とする．

【材料】

Ⓐ 重力（大きさ：mg），Ⓑ 糸の張力，Ⓒ 運動方程式：$m\boldsymbol{a}=\boldsymbol{F}$，Ⓓ t^n の積分：$\int_0^t t^n\,dt=\frac{t^{n+1}}{n+1}$

【レシピと解答】

Step1　概略図を描き，座標軸を決める．

図 3.5 (a) のように，物体Aについては，はじめの位置を原点，水平右向きを x 軸とする．物体Bについては，はじめの位置を原点，鉛直下向きを x 軸とする．

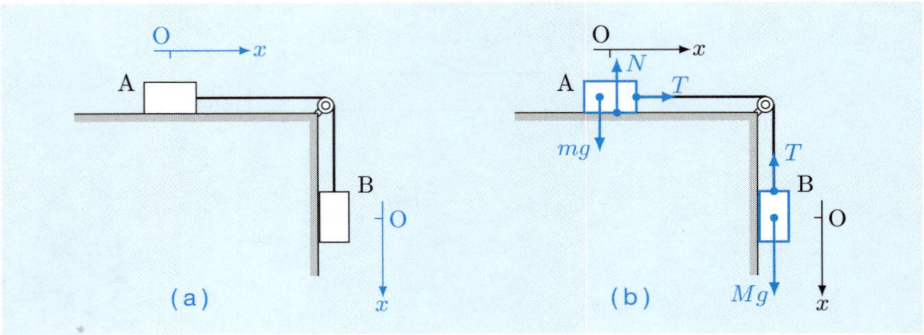

図 3.5　滑車を介した2物体の運動

Step2　物体A, B，それぞれに働く力を見つける．

物体Aに働く力は，糸の張力と，重力，垂直抗力であるが，物体Aは鉛直方向には動かないので，合力の鉛直成分は0である．したがって，いまの場合，運動に関係するのは，合力の水平成分である糸の張力のみである．物体Bに働く力は，糸の張力と重力である（図 3.5 (b)）．

Step3　物体 A と B の加速度の x 成分を共に a_x [m/s^2]，物体 A と B に働く糸の張力の大きさをともに T [N] として，運動方程式を立てる．

$$\begin{cases} \text{物体 A}: ma_x = T \\ \text{物体 B}: Ma_x = Mg - T \end{cases} \quad \text{（運動方程式）} \tag{3.38}$$

(3.38) で，物体 A に働く糸の張力と物体 B に働く糸の張力の大きさが等しいとしました．一般には，この 2 つの力は等しくなりませんが，糸が軽く，その質量が無視できるときには，糸の両端における張力の大きさは等しくなります（問題 3.3 参照）．

Step4　物体 A と B の運動方程式を連立させて，加速度 a_x を求める．

$$(M+m)a_x = Mg \tag{3.39}$$

より，加速度は次のようになる．

$$a_x = \frac{M}{M+m}g \text{ [m/s}^2\text{]} \tag{3.40}$$

Step5　加速度 a_x を t で 0 から t まで積分して，速度の変化を求める．

$$\begin{aligned} v_x(t) - v_x(0) &= \int_0^t \left(\frac{M}{M+m}g\right) dt = \left[\frac{M}{M+m}gt\right]_0^t \\ &= \frac{M}{M+m}gt \text{ [m/s]} \end{aligned} \tag{3.41}$$

Step6　(3.41) に初速度 $v_x(0) = 0$ を代入して，速度を求める．

$$v_x(t) = \frac{M}{M+m}gt \text{ [m/s]} \tag{3.42}$$

Step7　速度 v_x を t で 0 から t まで積分して，変位を求める．

$$\begin{aligned} x(t) - x(0) &= \int_0^t \left(\frac{M}{M+m}gt\right) dt = \left[\frac{1}{2}\frac{M}{M+m}gt^2\right]_0^t \\ &= \frac{1}{2}\frac{M}{M+m}gt^2 \text{ [m]} \end{aligned} \tag{3.43}$$

Step8　(3.43) に初期位置 $x(0) = 0$ を代入して，位置を求める．

$$x(t) = \frac{1}{2}\frac{M}{M+m}gt^2 \text{ [m]} \tag{3.44}$$

実践例題メニュー 3.6　アドウッドの器械

質量 m_A [kg] の物体 A と質量 m_B [kg]（$m_A < m_B$）の物体 B を伸び縮みしない軽い糸で結び，滑らかに回転する軽い滑車に掛ける．それらを時刻 $t = 0$ で静かに放すと，物体 A は上向きに，物体 B は下向きに，同じ大きさの加速度で等加速度運動をした．任意の時刻における A, B の位置と速度について，運動方程式を立て，それを解いて求めなさい．また，物体 A が上向きに，物体 B が下向きにはじめの位置から L [m] だけ移動したときの，物体 A, B の速度を求めなさい．ただし，重力加速度の大きさを g [m/s^2] とする（滑車の質量が無視できない場合は実践例題メニュー 9.6 を参照）．

【材料】

Ⓐ 重力（大きさ：mg），Ⓑ 糸の張力，Ⓒ 運動方程式：$m\boldsymbol{a} = \boldsymbol{F}$，Ⓓ t^n の積分：$\int_0^t t^n\,dt = \frac{t^{n+1}}{n+1}$

【レシピと解答】

Step1　概略図を描き，座標軸を決める．

図 3.6 (a) のように，物体 A については，はじめの位置を原点に鉛直上向きを，物体 B については，はじめの位置を原点に鉛直下向きを x 軸とする．

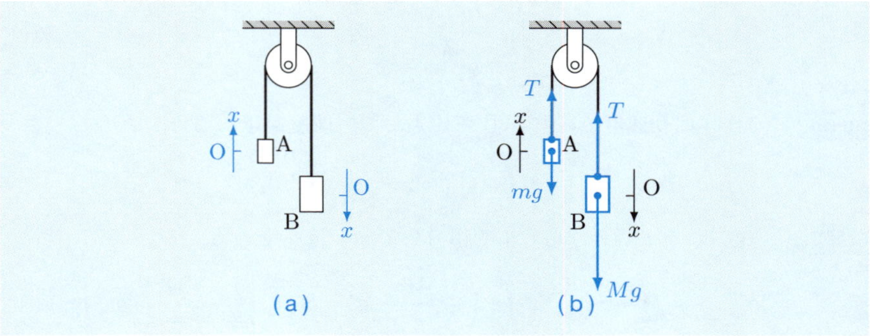

図 3.6　アドウッドの器械

Step2　物体 A, B，それぞれに働く力を見つける．

物体 A, B 共に，働く力は，［①　　　　］である（図 3.6 (b)）．

Step3　物体 A と B の加速度の x 成分を共に a_x [m/s^2]，物体 A と B に働く糸の張力の大きさを T [N] として，運動方程式を立てる．

$$\begin{cases} \text{物体 A}：m_A a_x = \boxed{②\quad} \\ \text{物体 B}：m_B a_x = \boxed{③\quad} \end{cases} \quad \text{（運動方程式）} \qquad (3.45)$$

Step4 物体 A と B の運動方程式を連立させて，加速度 a_x を求める．

$$(m_\mathrm{A}+m_\mathrm{B})a_x = \boxed{④\qquad} \cdot g \tag{3.46}$$

より，加速度は次のようになる．

$$a_x = \boxed{⑤\qquad} \cdot g \ [\mathrm{m/s^2}] \tag{3.47}$$

Step5 加速度 a_x を t で 0 から t まで積分して，速度の変化を求める．

$$v_x(t) - v_x(0) = \boxed{⑥\qquad} \ [\mathrm{m/s}] \tag{3.48}$$

Step6 (3.48) に初速度 $v_x(0)=0$ を用いて，速度を求める．

$$v_x(t) = \boxed{⑦\qquad} \ [\mathrm{m/s}] \tag{3.49}$$

Step7 速度 v_x を積分して，変位を求める．

$$x(t) - x(0) = \boxed{⑧\qquad} \ [\mathrm{m}] \tag{3.50}$$

Step8 (3.50) に初期位置 $x(0)=0$ を代入して，位置を求める．

$$x(t) = \boxed{⑨\qquad} \ [\mathrm{m}] \tag{3.51}$$

Step9 物体が L だけ移動したときの時刻を求める．

$$t = \boxed{⑩\qquad} \ [\mathrm{s}] \tag{3.52}$$

Step10 (3.52) を (3.49) に代入し，物体が L だけ移動したときの速度を求める．

$$v_x = \boxed{⑪\qquad} \ [\mathrm{m/s}] \tag{3.53}$$

基本例題メニュー 3.5 も実践例題メニュー 3.6 も $m_\mathrm{A}=0$ とすれば，m_B の運動は自由落下（実践例題メニュー 3.2 において $v_0=0$ としたもの）と同じになる．

【実践例題解答】 ① 糸の張力と重力 ② $T - m_\mathrm{A}g$ ③ $T + m_\mathrm{B}g$ ④ $(m_\mathrm{B} - m_\mathrm{A})$

⑤ $\frac{m_\mathrm{B}-m_\mathrm{A}}{m_\mathrm{B}+m_\mathrm{A}}$ ⑥ $\int_0^t \left(\frac{m_\mathrm{B}-m_\mathrm{A}}{m_\mathrm{B}+m_\mathrm{A}}g\right)dt = \left[\frac{m_\mathrm{B}-m_\mathrm{A}}{m_\mathrm{B}+m_\mathrm{A}}gt\right]_0^t = \frac{m_\mathrm{B}-m_\mathrm{A}}{m_\mathrm{B}+m_\mathrm{A}}gt$ ⑦ $\frac{m_\mathrm{B}-m_\mathrm{A}}{m_\mathrm{B}+m_\mathrm{A}}gt$

⑧ $\int_0^t \left(\frac{m_\mathrm{B}-m_\mathrm{A}}{m_\mathrm{B}+m_\mathrm{A}}gt\right)dt = \left[\frac{1}{2}\frac{m_\mathrm{B}-m_\mathrm{A}}{m_\mathrm{B}+m_\mathrm{A}}gt^2\right]_0^t = \frac{1}{2}\frac{m_\mathrm{B}-m_\mathrm{A}}{m_\mathrm{B}+m_\mathrm{A}}gt^2$ ⑨ $\frac{1}{2}\frac{m_\mathrm{B}-m_\mathrm{A}}{m_\mathrm{B}+m_\mathrm{A}}gt^2$

⑩ $\sqrt{\frac{2L}{g}\left(\frac{m_\mathrm{B}+m_\mathrm{A}}{m_\mathrm{B}-m_\mathrm{A}}\right)}$ ⑪ $\sqrt{\frac{2gL(m_\mathrm{B}-m_\mathrm{A})}{m_\mathrm{B}+m_\mathrm{A}}}$

問　題

3.1　水平と成す角 θ [°] の滑らかな斜面上に質量 m [kg] の小物体を静かに置き，時刻 $t=0$ で静かに放したところ，小物体は斜面に沿って滑り降りた．この物体の運動について運動方程式を立て，それを解いて任意の時刻 t [s] における物体の位置と速度を求めなさい．ただし，重力加速度の大きさを g [m/s^2] とする．

3.2　速さ v_0 [m] で等速度運動する電車に乗っている人が，時刻 $t=0$ に高さ h [m] の位置から，小球を静かに放した．電車に乗っている人と電車の外に静止している人の立場で，それぞれ，運動方程式を立て，それを解いて，任意の時刻 t [s] における小球の位置と速度を求めなさい．ただし，重力加速度の大きさを g [m/s^2] とする．

3.3　滑らかな水平面上で，質量がそれぞれ m_{A} [kg], m_{B} [kg] の2つの物体A, Bを伸び縮みしない質量 $m_{糸}$ [kg] の糸でつなぎ，物体Bを力 F [N] で引いて，これらを等加速度直線運動させる．このとき，物体A, Bに働く糸の張力の大きさ $T_{糸\to\mathrm{A}}$ [N], $T_{糸\to\mathrm{B}}$ [N] を求めなさい．特に，糸が十分に軽く，その質量が無視できる ($m_{糸}=0$) ときには，$T_{糸\to\mathrm{A}}=T_{糸\to\mathrm{B}}$ となることを示しなさい．

3.4　図3.7のように，伸び縮みしない軽い糸の一端に質量 m [kg] の物体Aを付け，水平と成す角 θ [°] の滑らかな斜面上に置き，滑らかに回転する軽い滑車を通して糸の他端に質量 M [kg] の物体Bを吊す．それらを時刻 $t=0$ で静かに放したところ，物体Aは斜面に沿って上昇し，物体Bは下降した．物体A, Bについて運動方程式を立て，それを解いて，任意の時刻 t [s] におけるA, Bの位置と速度を求めなさい．ただし，重力加速度の大きさを g [m/s^2] とする（$\theta=0°$ の場合は基本例題メニュー3.5の結果と，$\theta=90°$ の場合は実践例題メニュー3.6の結果と，一致することを確かめなさい）．

3.5　図3.8のように滑らかに回転する軽い定滑車と動滑車を介して，質量 m [kg] のおもりAと質量 M [kg] のおもりBを吊したところ，Aは鉛直上向きに，Bは鉛直下向きに同じ大きさの加速度で等加速度直線運動をした．このときの物体A, Bの加速度の大きさを求めなさい．

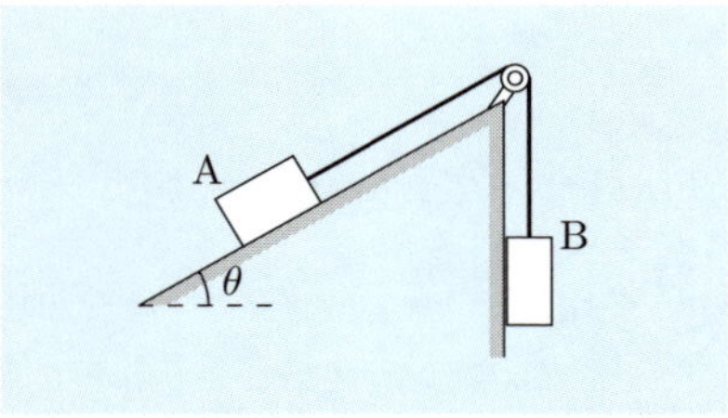

図3.7　滑らかな斜面上の物体Aと滑車を介して吊した物体B

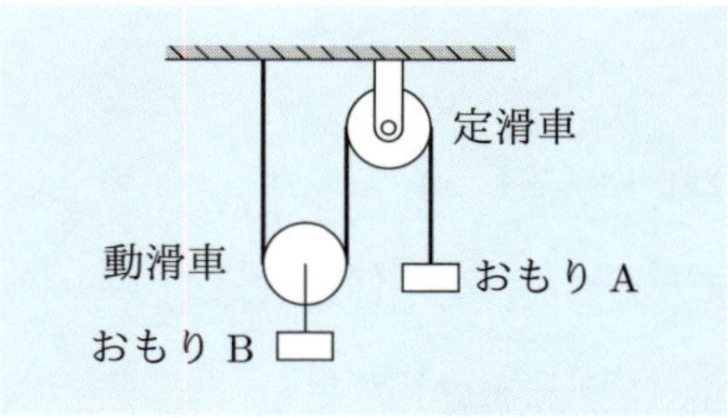

図3.8　定滑車と動滑車を介して吊したおもり

3.3 動摩擦力

図 3.9 のように，粗い水平面上に物体を置き，水平方向に大きさ F [N] の力を加える．F の値が最大静止摩擦力より大きいと物体は動き出すが，物体が動き始めても摩擦力は働いている．運動している物体に働く摩擦力を**動摩擦力**（どうまさつりょく）という．動摩擦力の大きさ $F_{摩擦}$ は，垂直抗力の大きさ N [N] に（近似的に）比例する．すなわち，動摩擦力は次のように書ける．

$$F_{摩擦} = \mu' N \text{ [N]} \tag{3.54}$$

ここで，比例係数 μ' を**動摩擦係数**（どうまさつけいすう）という．

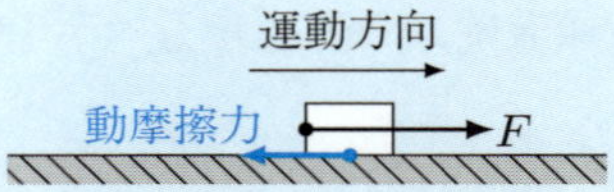

図 3.9　動摩擦力

一般に，動摩擦係数 μ' や静止摩擦係数 μ は表面の材質や状態によって決まるが，それらが同じであれば，μ' は μ に比べて小さくなる．したがって，上の場合の物体に加えた力の大きさ F と，物体に働く摩擦力の大きさ $F_{摩擦}$ の関係は図 3.10 のようになる．

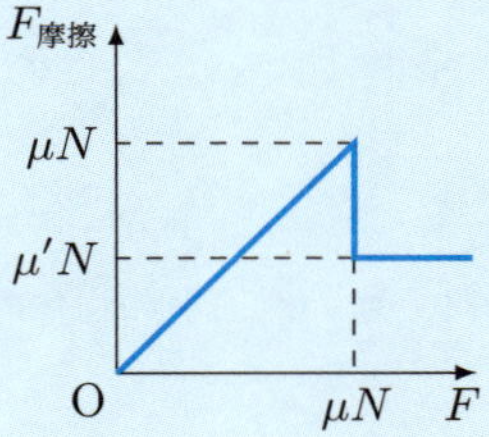

図 3.10　加えた力と摩擦力の大きさの関係

物体に働く動摩擦力は，面に対する物体の運動方向と逆向きになります．

動摩擦力が働く場合の運動を調べよう

難易度★★★

基本例題メニュー 3.7　粗い斜面上の物体の運動

水平と成す角 θ [°] の粗い斜面上に質量 m [kg] の小物体を置き，時刻 $t=0$ で静かに放したところ，物体は転がらずに，斜面に沿って滑り降りた．この物体の運動について運動方程式を立てなさい．また，それを解いて，任意の時刻 t [s] における物体の位置と速度を求めなさい．さらに，物体が L [m] だけ移動したときの速度を求めなさい．ただし，重力加速度の大きさを g [m/s^2] とし，物体と斜面との間の動摩擦係数を μ' とする．

【材料】

Ⓐ 重力（大きさ：mg），Ⓑ 垂直抗力，Ⓒ 摩擦力，Ⓓ 運動方程式：$m\boldsymbol{a}=\boldsymbol{F}$，Ⓔ t^n の積分：$\int_0^t t^n\,dt=\frac{t^{n+1}}{n+1}$

【レシピと解答】

Step1　概略図を描き，座標軸を決める．

図 3.11 (a) のように，$t=0$ の物体の位置を原点 O とし，斜面に沿って x 軸，斜面と垂直方向を y 軸とする．

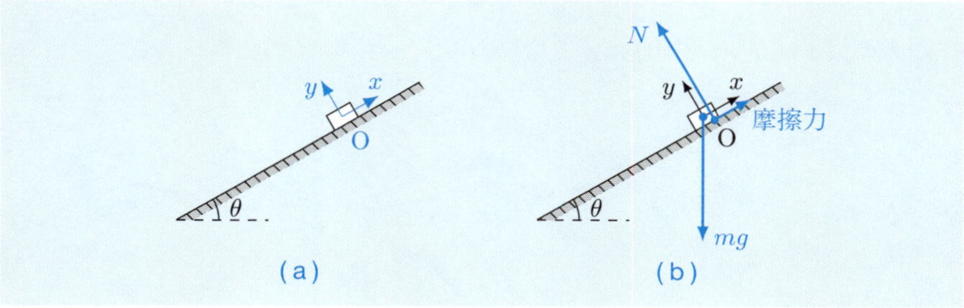

図 3.11　粗い斜面上の物体の運動

Step2　物体に働く力を見つける．

物体に働く力は，重力，垂直抗力，摩擦力である（図 3.11 (b)）．

Step3　物体の加速度を $\boldsymbol{a}=(a_x,a_y)$ [m/s^2]，物体に働く垂直抗力の大きさを N [N] として，運動方程式を立てる．そして，物体の加速度を求める．

$$\begin{cases} ma_x=-mg\sin\theta+\mu' N \\ ma_y=N-mg\cos\theta \end{cases}\quad \text{（運動方程式）} \tag{3.55}$$

ここで，$a_y=0$ であるから $N=mg$ と求まる．これを運動方程式の x 成分に代入して

$$ma_x = -mg\sin\theta + \mu' mg\cos\theta \tag{3.56}$$

を得る．両辺を m で割ると，加速度

$$\begin{aligned} a_x &= -g\sin\theta + \mu' g\cos\theta \\ &= -(\sin\theta - \mu\cos\theta)g \ [\mathrm{m/s^2}] \end{aligned} \tag{3.57}$$

が求まる．

Step4 加速度を t で 0 から t まで積分して速度の変化を求める．

$$v_x(t) - v_x(0) = -(\sin\theta - \mu' \cos\theta)gt \ [\mathrm{m/s}] \tag{3.58}$$

Step5 (3.58) に初速度 $v_x(0) = 0$ を代入して速度を求める．

$$v_x(t) = -(\sin\theta - \mu\cos\theta)gt \ [\mathrm{m/s}] \tag{3.59}$$

Step6 速度を t で 0 から t まで積分して変位を求める．

$$x(t) - x(0) = -\frac{1}{2}(\sin\theta - \mu\cos\theta)gt^2 \ [\mathrm{m}] \tag{3.60}$$

Step7 (3.60) に初期位置 $x(0) = 0$ を代入して速度を求める．

$$x(t) = -\frac{1}{2}(\sin\theta - \mu\cos\theta)gt^2 \ [\mathrm{m}] \tag{3.61}$$

Step8 物体が L だけ移動するまでに掛かる時間を求める．

$$-L = -\frac{1}{2}(\sin\theta - \mu\cos\theta)gt^2 \tag{3.62}$$

を t について解いて

$$t = \sqrt{\frac{2L}{(\sin\theta - \mu\cos\theta)g}} \ [\mathrm{s}] \tag{3.63}$$

を得る．

Step9 (3.63) を (3.59) に代入して，物体が L だけ移動したときの速度を求める．

$$\begin{aligned} v_x &= -(\sin\theta - \mu\cos\theta)g \times \sqrt{\frac{2L}{(\sin\theta - \mu\cos\theta)g}} \\ &= -\sqrt{2(\sin\theta - \mu\cos\theta)gL} \ [\mathrm{m/s}] \end{aligned} \tag{3.64}$$

$\mu = 0$ を代入すると速度 (3.59) と位置 (3.61) は問題 3.1 における速度と位置に一致する．

実践例題メニュー 3.8　粗い水平面上の物体の運動

粗くて水平な床面上に小物体を置き，時刻 $t=0$ に初速 v_0 [m/s] を与えた．運動方程式を立て，それを解いて，任意の時刻 t [s] における物体の位置と速度を求めなさい．また，この物体が静止する時刻を求めなさい．ただし，重力加速度の大きさを g [m/s^2] とし，物体と床面との動摩擦係数を μ' とする．

【材料】

Ⓐ 重力（大きさ：mg），Ⓑ 垂直抗力，Ⓒ 摩擦力，Ⓓ 運動方程式：$m\boldsymbol{a}=\boldsymbol{F}$，Ⓔ t^n の積分：$\int_0^t t^n\,dt=\frac{t^{n+1}}{n+1}$

【レシピと解答】

Step1　概略図を描き，座標軸を決める．

図 3.12(a) のように，$t=0$ の物体の位置を原点，物体の運動方向を x 軸，鉛直方向を y 軸とする．

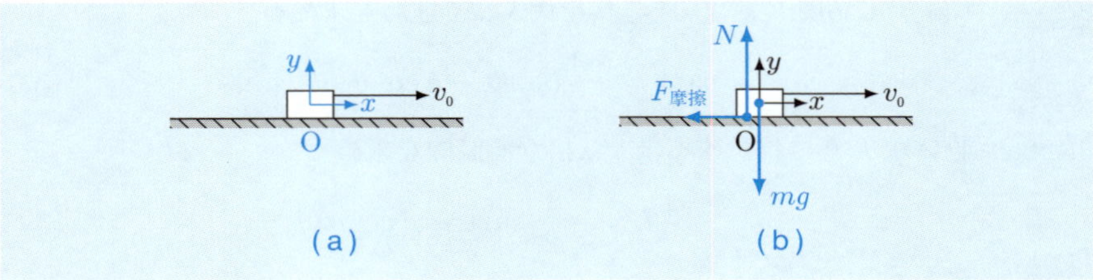

図 3.12　動摩擦力

Step2　物体に働く力を見つける．

物体に働く力は，［①　　　　］である（図 3.12(b)）．

Step3　小物体の加速度を $\boldsymbol{a}=(a_x, a_y)$ [m/s^2]，小物体に働く垂直抗力の大きさを N [N] として，運動方程式を立てる．そして，小物体の加速度を求める．

$$\begin{cases} x\text{ 成分}：ma_x = \boxed{②\quad} \\ y\text{ 成分}：ma_y = \boxed{③\quad} \end{cases} \quad（運動方程式） \tag{3.65}$$

物体は水平方向にしか運動しませんが，摩擦力の大きさを求めるために，鉛直成分の情報が必要になるということには注意が必要です．

ここで，$a_y = 0$ であるから $N =$ ④ ［N］と求まる．これを運動方程式の x 成分に代入して

$$ma_x = \text{⑤} \tag{3.66}$$

を得る．両辺を m で割ると，加速度

$$a_x = \text{⑥} \quad [\mathrm{m/s^2}] \tag{3.67}$$

が求まる．

Step4 加速度を t で 0 から t まで積分して速度の変化を求める．

$$v_x(t) - v_x(0) = \text{⑦} \quad [\mathrm{m/s}] \tag{3.68}$$

Step5 (3.68) に初速度 $v(0) = v_0$ を代入して，速度を求める．
$v_x(0) = v_0$ より，

$$v_x(t) = \text{⑧} \quad [\mathrm{m/s}] \tag{3.69}$$

Step6 速度を t で 0 から t まで積分して変位を求める．

$$x(t) - x(0) = \text{⑨} \quad [\mathrm{m}] \tag{3.70}$$

Step7 (3.70) の初期位置 $x(0) = 0$ を代入して，位置を求める．

$$x(t) = \text{⑩} \quad [\mathrm{m}] \tag{3.71}$$

Step8 $v_x(t) = 0$ となる時刻 t を求める．

$$t = \text{⑪} \quad [\mathrm{s}] \tag{3.72}$$

Step9 (3.72) を (3.71) に代入して，停止するまでの距離 L を求める．

$$L = \text{⑫} \quad [\mathrm{m}] \tag{3.73}$$

【実践例題解答】 ① 重力, 垂直抗力, 摩擦力, ② $-\mu' N$ ③ $N - mg$ ④ mg ⑤ $-\mu' mg$ ⑥ $-\mu' g$ ⑦ $-\mu' gt$ ⑧ $-\mu' gt + v_0$ ⑨ $-\frac{1}{2}\mu' gt^2 + v_0 t$ ⑩ $-\frac{1}{2}\mu' gt^2 + v_0 t$ ⑪ $\frac{v_0}{\mu' g}$ ⑫ $-\frac{1}{2}\mu' g\left(\frac{v_0}{\mu' g}\right)^2 + v_0\left(\frac{v_0}{\mu' g}\right) = \frac{{v_0}^2}{2\mu' g}$

問　題

3.6　図 3.13 のように，粗くて水平な台の上に，質量 m [kg] の物体Aを置き，それに伸び縮みしない軽い糸を付け，滑らかに回転する軽い滑車を介して質量 M [kg] の物体Bを吊す．それらを時刻 $t = 0$ で静かに放すと，物体Aは水平方向に，物体Bは下向きに，同じ大きさの加速度で等加速度運動をした．任意の時刻におけるA，Bの位置と速度について，運動方程式を立て，それを解いて求めなさい．ただし，重力加速度の大きさを g [m/s^2] とし，Aと台との動摩擦係数を μ' とする（$\mu' = 0$ の場合は，基本例題メニュー 3.5 の結果と一致することを確かめなさい）．

3.7　図 3.14 のように，伸び縮みしない軽い糸の一端に質量 m [kg] の物体Aを付け，水平と成す角 θ [°] の粗い斜面上に置き，滑車を通して糸の他端に質量 M [kg] の物体Bを吊す．それらを時刻 $t = 0$ で静かに放すと，物体Aは斜面に沿って上昇し，物体Bは下降した．物体A, Bについて運動方程式を立て，それを解いて，任意の時刻 t [s] におけるA, Bの位置と速度を求めなさい．ただし，重力加速度の大きさを g [m/s^2] とし，Aと斜面との動摩擦係数を μ' とする（$\mu' = 0$ の場合は，問題 3.4 の結果と一致することを確かめなさい）．

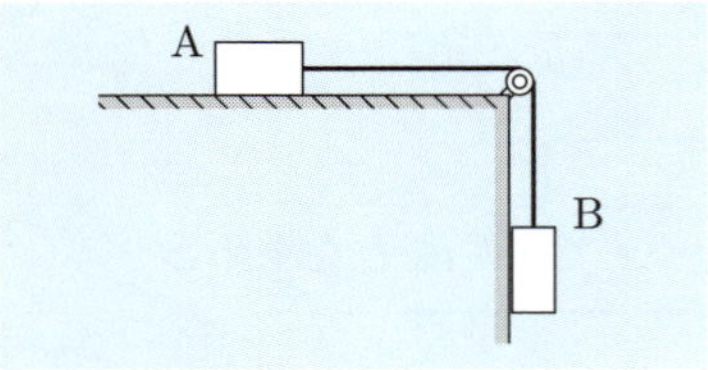

図 3.13　粗い台の上の物体Aと滑車を介して吊された物体B

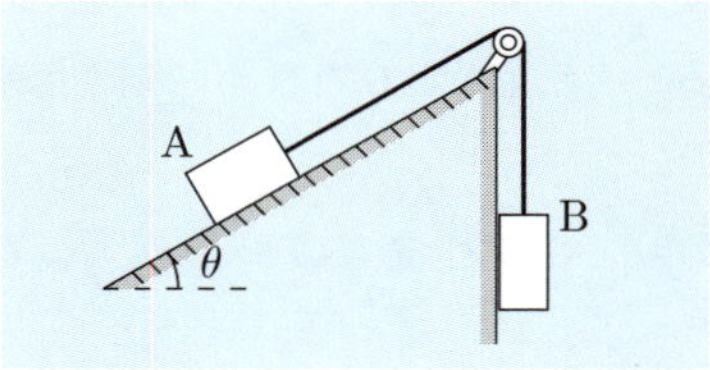

図 3.14　粗い斜面上の物体Aと滑車を介して吊された物体B

3.8　図 3.15 のように，滑らかな水平面上に，質量 M [kg] の板Aを置き，その上に小物体Bを置く．板Aを水平方向に大きさ F [N] の力で引いた．Bが滑らずにAと同じ加速度で運動する最大の F の値を求めなさい．ただし，重力加速度の大きさを g [m/s^2] とし，AとBとの間の静止摩擦係数を μ とする．

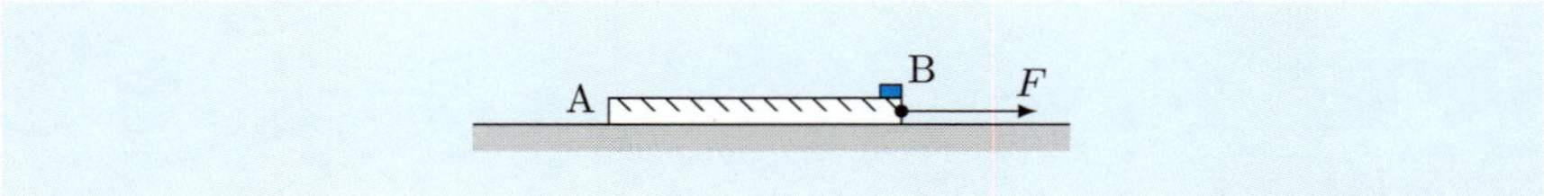

図 3.15　板の上の小物体の運動

第4章

円運動と単振動

前章では主に，等加速度運動について取り扱った．別の典型的な運動の例として，円運動と単振動がある．この章では，これら2つの運動を解析しよう．

4.1 等速円運動

角速度 図4.1 のように，xy 平面上で原点 O を中心とした半径 r [m] の円周上を**等速円運動**する物体を考える．時刻 t [s] における物体の位置を P とし，OP が x 軸と成す角を θ [rad] としたとき，

$$\omega = \frac{d\theta}{dt} \text{ [rad/s]}$$

を**角速度**，または，**角振動数**という（角度の単位 rad については 59 ページ弧度法参照）．

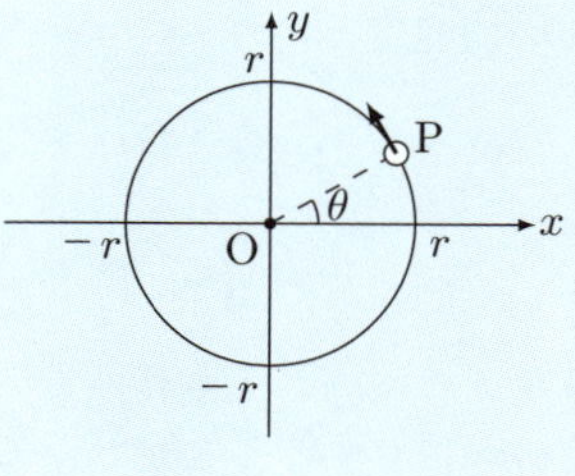

図4.1 等速円運動

物体が1周するのに要する時間を**周期**という．周期 T は角速度 ω を用いて次のように書ける．

$$T = \frac{2\pi}{\omega} \text{ [s]} \tag{4.1}$$

1 s 当たりに円を回る回数を**回転数**という．回転数 n は周期 T または角速度 ω を用いて次のように書ける．

$$n = \frac{1}{T} = \frac{\omega}{2\pi} \tag{4.2}$$

等速円運動の式　xy 平面上で原点 O を中心として半径 r [m] の円周上を角速度 ω [rad/s] で等速円運動をする物体の位置，速度，加速度は次のように表される（問題 2.8 参照）．

- 位置ベクトル $\boldsymbol{r}(t)$：

$$\boldsymbol{r}(t) = \big(r\cos(\omega t + \theta_0), r\sin(\omega t + \theta_0)\big) \ [\mathrm{m}] \tag{4.3}$$

等速円運動の回転角 $\theta = \omega t + \theta_0$ [rad] を**位相**という．θ_0 [rad] は $t = 0$ における位相であり，**初期位相**という．

- 速度ベクトル $\boldsymbol{v}(t)$：

$$\boldsymbol{v}(t) = \frac{d\boldsymbol{r}}{dt} = \big(-r\omega\sin(\omega t + \theta_0), r\omega\cos(\omega t + \theta_0)\big) \ [\mathrm{m/s}] \tag{4.4}$$

物体の速さ v（$= \sqrt{{v_x}^2 + {v_y}^2}$）と角速度 ω の間には次の関係がある．

$$v = r\omega \ [\mathrm{m/s}] \tag{4.5}$$

- 加速度ベクトル $\boldsymbol{a}(t)$：

$$\begin{aligned}\boldsymbol{a}(t) = \frac{d\boldsymbol{v}}{dt} &= \big(-\omega^2 r\cos(\omega t + \theta_0), -\omega^2 r\sin(\omega t + \theta_0)\big) \\ &= -\omega^2 \boldsymbol{r} \ [\mathrm{m/s^2}]\end{aligned} \tag{4.6}$$

等速円運動する物体の加速度は，位置ベクトルと逆向き，すなわち，回転の中心へ向いている．これを**向心加速度**という．

加速度の大きさは $a = |\boldsymbol{a}| = \omega^2 r$ であるが (4.5) を使えば，

$$a = \frac{v^2}{r}$$

と書くこともできる．これより等速円運動する物体の加速度の大きさは，物体の速さだけでなく，中心からの距離にも依存することがわかる．

向心力 (4.6) を運動方程式 $\boldsymbol{F} = m\boldsymbol{a}$ に代入すれば，

$$\boldsymbol{F} = -m\omega^2\boldsymbol{r}\ [\mathrm{N}] \tag{4.7}$$

と図 4.2 のような回転の中心を向いた力になる．回転の中心へ向き，大きさ $m\omega^2 r$ のこの力を**向心力**（こうしんりょく）という．

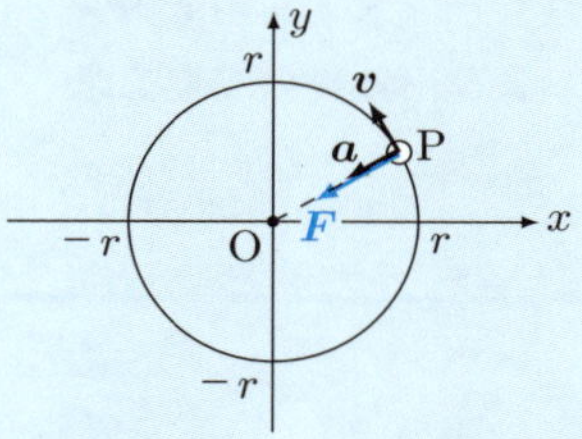

図 4.2 等速円運動の速度，加速度，力の向きの関係

等速円運動する物体の速さは一定だから，速度の向きが変化する．よって力が働いていないと考えるのは間違いです．速さは一定でも速度の向きは変化するので，等速円運動する物体には中心向きの加速度（向心加速度）が生じています．この加速度を生じさせる力が向心力です．

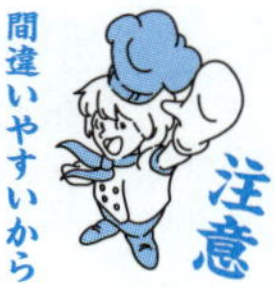

弧度法

半径と等しい長さの円弧に対する中心角を 1 rad（ラジアン）と定める．また，この角の表し方を**弧度法**（こどほう）という．半径 r [m] の円で，弧の長さ l [m] に対する中心角 θ は，

$$\theta = \frac{l}{r}\ [\mathrm{rad}]$$

と表される．また，半径 r [m] の円の円周の長さは $2\pi r$ [m] であるから，360° は 2π rad であり，1° は $\frac{\pi}{360}$ rad である．

等速円運動の角速度を求めよう

難易度 ★★☆

基本例題メニュー 4.1 円錐振り子

図 4.3 のように長さ l [m] の伸び縮みしない軽い糸の一端を天井に固定し，他端に質量 m [kg] のおもりを付けて円錐振り子を作った．糸と鉛直との成す角が θ [rad] となるようにおもりを水平面内で円運動させた場合に，糸の張力および円運動の周期を求めなさい．ただし，重力加速度の大きさを g [m/s^2] とする．

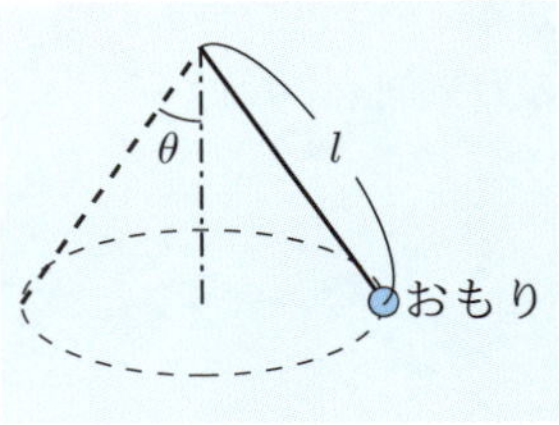

図 4.3　円錐振り子

【材料】

Ⓐ 重力（大きさ：mg），Ⓑ 糸の張力，Ⓒ 等速円運動の向心力（大きさ：$m\omega^2 r$）

【レシピと解答】

Step1　おもりに働く力を見つける．

おもりに働く回転の中心へ向かう力は，糸の張力と重力である．

Step2　おもりに働く力の合力を求める．

鉛直方向にはおもりは動かないので合力の鉛直成分は 0 である．よって，糸の張力の大きさを S [N] とすれば，

$$S\cos\theta - mg = 0$$

が成り立つ．これを S について解けば，

$$S = \frac{mg}{\cos\theta}\ \text{[N]}$$

を得る．これより，おもりに働く力の合力は，回転の中心を向き，その大きさ $F_{\text{合力}}$ は

$$F_{\text{合力}} = S\sin\theta = mg\tan\theta\ \text{[N]} \tag{4.8}$$

である．

Step3　おもりに働く力の合力が円運動の向心力と等しいとして，角速度を求める．

おもりには (4.8) で与えられる力が向心力として働くから，等速円運動の半径が $l\sin\theta$ であることに注意し，角速度の大きさを ω [rad/s] として

$$m\omega^2(l\sin\theta) = mg\tan\theta \quad \text{（(向心力) = (合力) の式）} \tag{4.9}$$

が成り立つ．これを ω について解けば

$$\omega = \sqrt{\frac{g\tan\theta}{l\sin\theta}} = \sqrt{\frac{g}{l\cos\theta}}\ \text{[rad/s]} \tag{4.10}$$

と求まる．

実践例題メニュー 4.2　**ばねにつながれた物体の円運動**

図 4.4 のように，滑らかな水平面上に自然の長さ l_0 [m] の軽いばねの一端を固定し，他端に質量 m [kg] のおもりを付けて，おもりを等速円運動させる．このとき，ばねの自然長からの伸びが d [m] であった．おもりの周期を求めなさい．

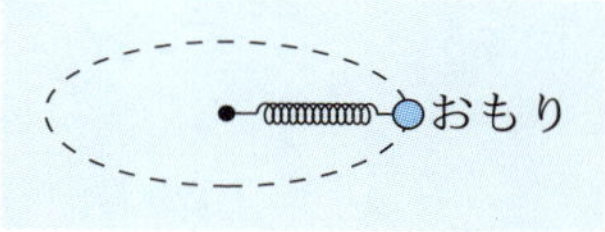

図 4.4　ばねにつながれた物体の円運動

【材料】

Ⓐ 重力（大きさ：mg），Ⓑ ばねの弾性力（大きさ：kd），Ⓒ 垂直抗力，Ⓓ 等速円運動の向心力（大きさ：$m\omega^2 r$）

【レシピと解答】

Step1　おもりに働く力を見つける．

おもりに働く力は，［①　　　］，垂直抗力，重力である．

Step2　おもりに働く力の合力を求める．

鉛直方向におもりは動かないので合力の鉛直成分は 0 である．よって，重力と垂直抗力は大きさが等しく逆向きになる．おもりに働く力の合力は，回転の中心方向を向き，その大きさ $F_{合力}$ は

$$F_{合力} = [②\quad]\ \text{[N]} \tag{4.11}$$

である．

Step3　おもりに働く合力が円運動の向心力と等しいとして，角速度を求める．

おもりには (4.11) で与えられる力が向心力として働くから，等速円運動の半径が［③　　　］であることに注意すれば，角速度の大きさを ω [rad/s] として

［④　　　　　　］（(向心力) = (合力) の式）　(4.12)

となる．これを ω について解いて

$$\omega = [⑤\quad]\ \text{[rad/s]} \tag{4.13}$$

と求まる．

【実践例題解答】 ① ばねの弾性力　② kd　③ l_0+d　④ $m\omega^2(l_0+d) = kd$　⑤ $\sqrt{\dfrac{kd}{m(l_0+d)}}$

問 題

4.1 図4.5のようにばね定数 k [N/m] の軽いばねの一端を天井に固定し，他端に質量 m [kg] のおもりを付けて円錐振り子を作った．ばねと鉛直との成す角が θ [rad] となるようにおもりを水平面内で円運動させたとき，ばねの長さは l [m] であった．このおもりの円運動の周期を求めなさい．ただし，重力加速度の大きさを g [m/s^2] とする．

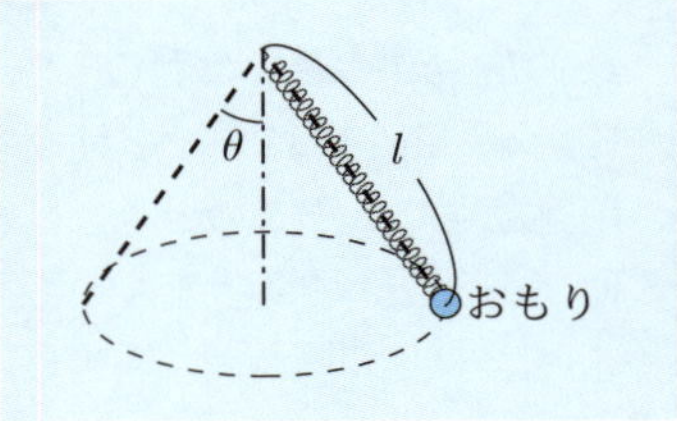

図4.5 ばねを用いた円錐振り子

4.2 図4.6のように，質量 m [kg] のおもりに同じ長さ l [m] の伸び縮みしない軽い糸 A, B の一端を取り付け，他端を鉛直軸に付けて，角速度 ω [rad/s] で回転させたところ，2本の糸はたるむことなく，水平と成す角 θ [rad] のままで回転し続けた．このときの糸 A, B がおもりに及ぼす張力の大きさを求めなさい．ただし，重力加速度の大きさを g [m/s^2] とする．

4.3 図4.7のように，中心軸が鉛直になるように固定された半頂角 θ [rad] の滑らかな円錐面がある．この円錐内面を質量 m [kg] の小球が，高さ h [m] を保ちながら等速円運動を行っている．この等速円運動の角速度を求めなさい．ただし，重力加速度の大きさを g [m/s^2] とする．

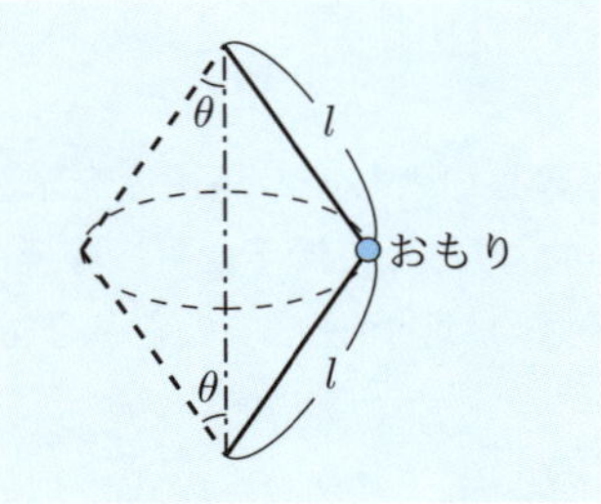

図4.6 2本の糸の付いた回転するおもり

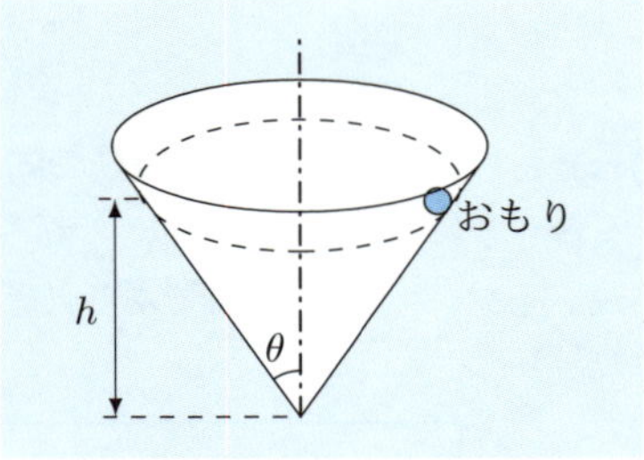

図4.7 円錐内面を回転する小物体

4.4 粗くて水平なターンテーブル上で回転の中心からの距離 L [m] の位置に質量 m [kg] の小物体を置き，ターンテーブルを一定の角速度で回転する．物体がターンテーブルの上を滑らずにターンテーブルと同じ角速度で回転する最大の角速度を求めなさい．ただし，重力加速度の大きさを g [m/s^2] とし，物体とテーブルとの間の静止摩擦係数を μ とする．

4.2 単　振　動

図 4.8 のように滑らかな水平面上に，ばねの一端を固定し，他端におもりを付ける．ばねを自然長から x_0 [m] だけ引き伸ばした位置からおもりを静かに放すと，おもりは $-x_0$ から x_0 の間を振動する．この装置を**水平ばね振り子**という．

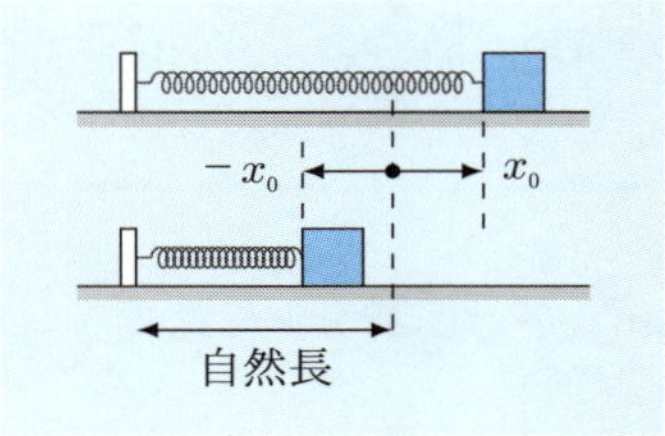

図 4.8　水平ばね振り子

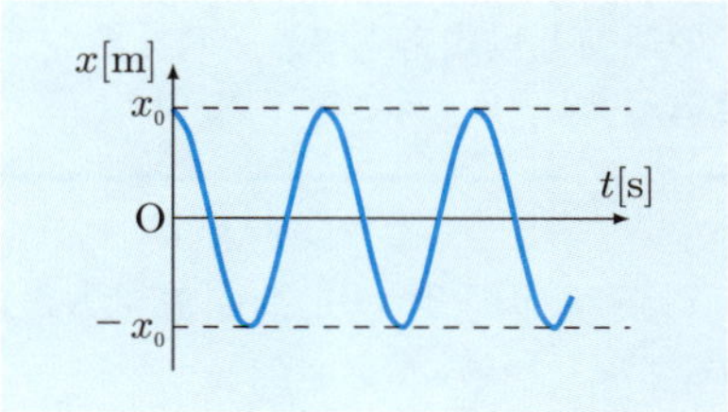

図 4.9　水平ばね振り子の x–t グラフ

ばねが自然長のときのおもりの位置を原点，ばねの伸びる向きを x 軸の正の向きとし，おもりの位置 x が時間 t と共に変化する様子をグラフに描くと，図 4.9 の正弦関数

$$x = x_0 \cos(2\pi f t) \text{ [m]} \tag{4.14}$$

になる．このように，位置が正弦関数で表される，直線に沿った運動を**単振動**（たんしんどう）という．(4.14) の f は，単位時間当たりの振動の回数で**振動数**（しんどうすう）という．振動数の単位は 1/s であるが，これに Hz（ヘルツ）を用いる．

一直線上を運動する物体に働く力が常にある 1 点に向いており，その大きさがその点からの変位に比例する場合，物体の運動は単振動になる．単振動の中心 O からの変位の大きさが最大になる位置までの距離 x_0 [m] を**振幅**（しんぷく）という．また，1 回の振動に要する時間を**周期**（しゅうき）という．

振動数 f [Hz] と周期 T [s]，角振動数 ω [rad/s] の間には

$$f = \frac{1}{T} = \frac{2\pi}{\omega}$$

の関係がある．

(4.14) からわかるように，単振動は等速円運動する物体に，y 軸に平行な光を当てたとき，x 軸にできる影（x 軸への正射影）と考えることもできます．

運動方程式を用いて単振動を解析しよう

難易度★★★

基本例題メニュー 4.3 水平ばね振り子

滑らかな水平面上にばね定数 k [N/m] の軽いばねの一端を固定し，他端に質量 m [kg] のおもりを付けた水平ばね振り子がある．おもりを引いてばねを x_0 [m] だけ伸ばし，時刻 $t=0$ に静かに放すと，ばねは振動を繰り返した．おもりについての運動方程式を立て，それを解いて任意の時刻 t [s] のおもりの位置と速度を求めなさい．

【材料】

Ⓐ ばねの張力（大きさ：kx），Ⓑ 運動方程式：$m\boldsymbol{a}=\boldsymbol{F}$，Ⓒ 微分方程式 $\frac{d^2x}{dt^2}=-\omega^2 x$ の一般解：$x=A\cos(\omega t+\theta_0)$

【レシピと解答】

Step1 概略図を描き，座標軸を決める．

図 4.10 (a) のようにばねが自然長のときの物体の位置を原点 O とし，ばねの伸びる方向を x 軸とする．

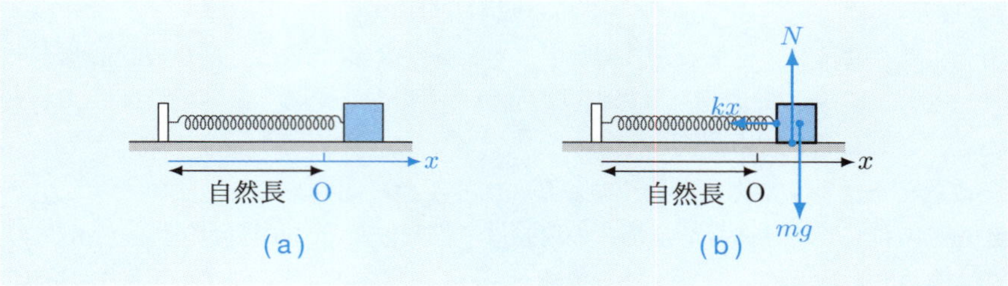

図 4.10 水平ばね振り子

Step2 おもりに働く力を求め，運動方程式を立てる．そして，加速度を求める．

力の x 軸に垂直な成分はつり合っているので，x 成分のみ考える．おもりの位置が x [m] のときのおもりに働く力の x 成分は $-kx$ である（図 4.10 (b)）．したがって，おもりの加速度を a_x [m/s^2] とすれば，運動方程式は，

$$ma_x=-kx \quad（運動方程式） \tag{4.15}$$

と書くことができる．この形の運動方程式を**単振動の方程式**という．ここで，両辺を m で割ると加速度が

$$a_x=-\frac{k}{m}x \ [\mathrm{m/s^2}] \tag{4.16}$$

と求まる．

Step3 運動方程式を解く．

加速度の定義 $a_x = \frac{d^2 x}{dt^2}$ を用いて，(4.16) を変形すると，

$$\frac{d^2 x}{dt^2} = -\frac{k}{m} x \tag{4.17}$$

となる．この微分方程式の解は，A, θ_0 を定数として

$$x(t) = A\cos\left(\sqrt{\frac{k}{m}}\, t + \theta_0\right) \quad [\mathrm{m}] \tag{4.18}$$

と書ける（問題 4.5 参照）．これを t で微分して，

$$v_x(t) = \frac{dx}{dt} = -\sqrt{\frac{k}{m}}\, A\sin\left(\sqrt{\frac{k}{m}}\, t + \theta_0\right) \quad [\mathrm{m/s}] \tag{4.19}$$

となる．

Step4 初期条件より，A, θ_0 を決定する．

$t = 0$ のとき，$x(0) = x_0$, $v_x(0) = 0$ であるからこれらを (4.18), (4.19) に代入すると

$$x_0 = A\cos\theta_0, \quad 0 = A\sin\theta_0 \tag{4.20}$$

であり，これを解いて $A = x_0$, $\theta_0 = 0$ を得る．したがって，おもりの位置および速度は

$$x(t) = x_0 \cos\left(\sqrt{\frac{k}{m}}\, t\right) \quad [\mathrm{m}] \tag{4.21}$$

$$v_x(t) = -\sqrt{\frac{k}{m}}\, x_0 \sin\left(\sqrt{\frac{k}{m}}\, t\right) \quad [\mathrm{m/s}] \tag{4.22}$$

と求まる．

単振動する物体の速さ $|v_x|$ は，振動の中心で最大値 $\sqrt{\frac{k}{m}}\, x_0$ になり，振動の端で 0 になります．また，振動の周期 T は $\sqrt{\frac{k}{m}}\, T = 2\pi$ より $T = 2\pi\sqrt{\frac{m}{k}}$ となります．

ポイント！

実践例題メニュー 4.4　　鉛直ばね振り子

ばね定数 k [N/m] の軽いばねの一端を天井に固定し，他端に質量 m [kg] のおもりを付けて鉛直に吊す．おもりを引いてばねを自然長から x_0 [m] だけ伸ばし，時刻 $t=0$ に静かに放すと，ばねは振動を繰り返した（この装置を**鉛直ばね振り子**という）．おもりについての運動方程式を立て，それを解いて任意の時刻 t [s] のおもりの位置と速度を求めなさい．

【材料】

Ⓐ ばねの張力（大きさ：kx），Ⓑ 運動方程式：$m\boldsymbol{a}=\boldsymbol{F}$，Ⓒ 微分方程式 $\frac{d^2x}{dt^2}=-\omega^2 x$ の一般解は $x=A\cos(\omega t+\theta_0)$

【レシピと解答】

Step1　概略図を描き，座標系を設定する．

図 4.11 (a) のようにばねが自然長のときのおもりの位置を原点とし，ばねが伸びる方向を y 軸とする．

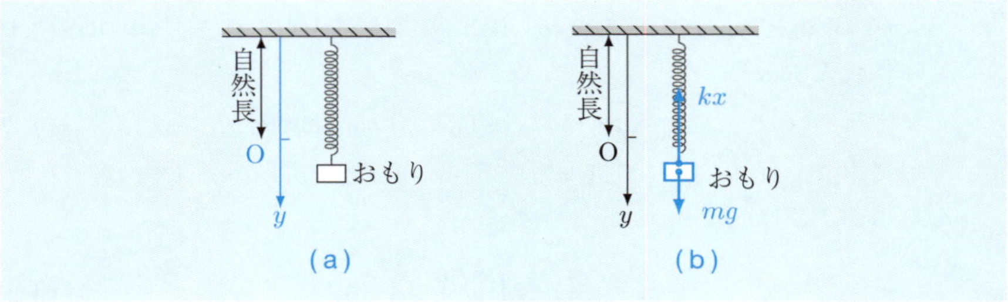

図 4.11　鉛直ばね振り子

Step2　おもりに働く力を求め，運動方程式を立てる．そして，おもりの加速度を求める．

おもりの位置が y [m] のとき，おもりに働く力は大きさ kx のばねの弾性力と大きさ mg の重力である（図 4.11 (b)）．したがって，運動方程式は，

$$ma_y = \boxed{①\qquad\qquad}\quad（運動方程式）\tag{4.23}$$

と書くことができる．

変数変換 $y=Y+\frac{mg}{k}$ を行うと，運動方程式は

$$ma_Y = \boxed{②\qquad}\cdot Y \tag{4.24}$$

と単振動の方程式になる．ここで，$a_Y=\frac{d^2Y}{dt^2}$ である．

両辺を m で割ると，加速度が

$$a_Y = \boxed{\text{③}\qquad} \cdot Y \ [\mathrm{m/s^2}] \tag{4.25}$$

と求まる．

このyからYの変数変換は，振動の中心を座標軸の原点にしたことに対応しています．単振動のような振動現象では，振動の中心を座標の原点にすると，見通しがよくなります．

Step3　運動方程式を解いて，一般解を求める．

加速度の定義 $a_Y(t) = \frac{d^2Y}{dt^2}$ を用いて (4.25) を変形すると

$$\frac{d^2Y}{dt^2} = \boxed{\text{④}\qquad} \cdot Y \tag{4.26}$$

となる．この微分方程式の解は，A, θ_0 を定数として，

$$Y(t) = A\cos\left(\boxed{\text{⑤}\qquad} \cdot t + \theta_0\right) \ [\mathrm{m}] \tag{4.27}$$

と書ける．これを t で微分して，

$$v_Y(t) = \frac{dY}{dt} = \boxed{\text{⑥}\qquad\qquad\qquad\qquad} \ [\mathrm{m/s}] \tag{4.28}$$

を得る．

Step4　初期条件より，A, θ_0 を決定する．

$t = 0$ のとき，$Y(0) = y_0 - \frac{mg}{k}$, $v_Y(0) = 0$ より，

$$A = \boxed{\text{⑦}\qquad\quad} \ [\mathrm{m}], \quad \theta_0 = \boxed{\text{⑧}\qquad} \ \mathrm{rad}$$

を得る．これより，おもりの位置および速度は，

$$Y(t) = \boxed{\text{⑨}\qquad\qquad\qquad\qquad} \ [\mathrm{m}] \tag{4.29}$$

$$v_Y(t) = \boxed{\text{⑩}\qquad\qquad\qquad\qquad} \ [\mathrm{m/s}] \tag{4.30}$$

と求まる．

【実践例題解答】 ① $-ky + mg$　② $-k$　③ $-\frac{k}{m}$　④ $-\frac{k}{m}$　⑤ $\sqrt{\frac{k}{m}}$

⑥ $-\sqrt{\frac{k}{m}}A\sin\left(\sqrt{\frac{k}{m}}t + \theta_0\right)$　⑦ $y_0 - \frac{mg}{k}$　⑧ 0　⑨ $\left(y_0 - \frac{mg}{k}\right)\cos\left(\sqrt{\frac{k}{m}}t\right)$

⑩ $-\sqrt{\frac{k}{m}}\left(y_0 - \frac{mg}{k}\right)\sin\left(\sqrt{\frac{k}{m}}t\right)$

問 題

4.5 微分方程式

$$\frac{d^2x}{dt^2} = -\omega^2 x$$

の一般解が

$$x = A\cos(\omega t + \theta_0) \quad (A,\ \theta_0：定数)$$

と書けることを示しなさい．

4.6 図 4.12 のように，滑らかな水平面上にある質量 m [kg] のおもりの両端に，それぞれ，ばね定数 k_A, k_B [N/m] のばね A, B を付け，ばねの他端を固定した．このとき，ばね A, B は共に自然長の状態でおもりは静止していた．おもりを x_0 だけばね A が伸びる方向におもりを引き，時刻 $t = 0$ に静かに放すと，おもりは振動した．おもりについての運動方程式を立て，それを解いて，任意の時刻におけるおもりの位置と速度を求めなさい．

4.7 図 4.13 のように，水平と成す角 θ [rad] の滑らかな斜面上で，ばねの一端を固定し，他端に質量 m [kg] のおもりを付けたところ，ばねが自然長から d [m] だけ伸びた位置でおもりに働く力がつり合った．つり合いの位置にあるおもりに，斜面に沿って初速を与えておもりを振動させた．おもりの振動の周期を求めなさい．

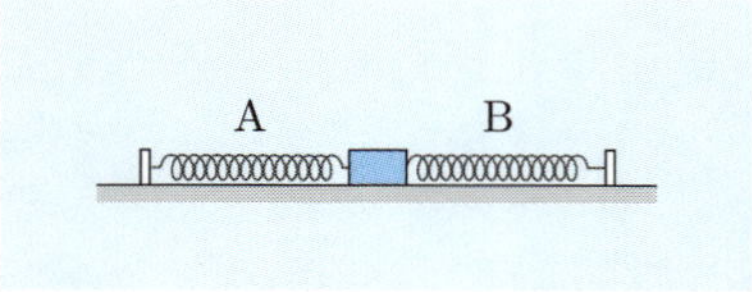

図 4.12 2 つのばねにつながれたおもり

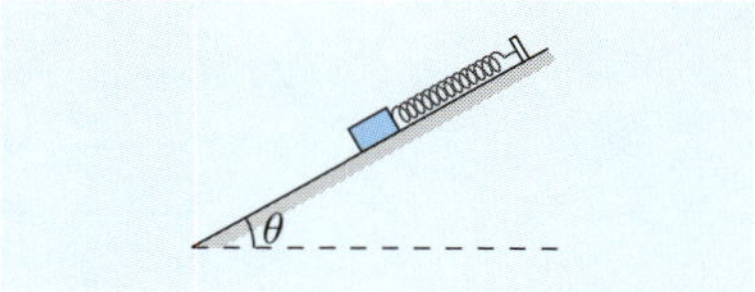

図 4.13 滑らかな斜面上に置かれたばね振り子

4.8 図 4.14 のように長さ l [m] の伸び縮みしない軽い糸の上端を天井に固定し，下端に質量 m [kg] のおもりを付けて，おもりをわずかに引いて，静かに放したところ，おもりは鉛直面内で円弧上を振動した（この装置を**単振り子**（たんふりこ）という）．おもりについての運動方程式を立てて，おもりの周期を求めなさい．ただし，振れ角 θ は小さいとし，$\sin\theta \fallingdotseq \theta$ と近似できるとする．また，重力加速度の大きさを g [m/s^2] とする．

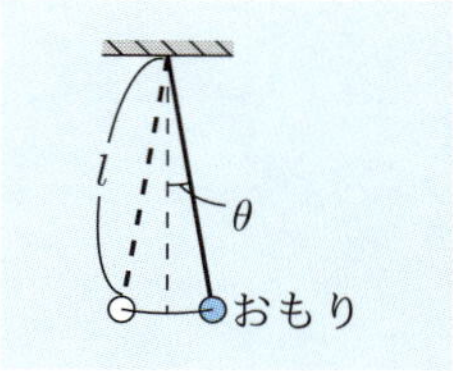

図 4.14 単振り子

第5章 運動量とその保存則

保存則を用いると，問題の見通しがよくなったり，問題が簡潔に解けたりする．ここでは，運動量を導入し，その保存則である運動量保存則を学ぼう．そして，運動保存則を用いて，運動を解析しよう．

5.1 運動量と力積

物体の**運動量**(うんどうりょう) $\boldsymbol{p}$ を質点の質量 m [kg] と速度 $\boldsymbol{v}$ [m/s] の積で，次のように定義する．

$$\boldsymbol{p} = m\boldsymbol{v} \ [\mathrm{kg \cdot m/s}] \tag{5.1}$$

運動量はスカラー量ではなく，「運動の勢い」と「運動の向き」を表すベクトル量であることに注意しましょう．

運動量 $\boldsymbol{p}$ を用いれば，運動方程式は $\frac{d\boldsymbol{p}}{dt} = \boldsymbol{F}$ と書けるので，それを t で $t_{始}$ [s] から $t_{終}$ [s] まで積分して，次のように書くこともできる．

$$\Delta\boldsymbol{p} = \boldsymbol{p}(t_{終}) - \boldsymbol{p}(t_{始}) = \int_{t_{始}}^{t_{終}} \boldsymbol{F}\,dt \tag{5.2}$$

ここで，右辺の積分

$$\boldsymbol{I} = \int_{t_{始}}^{t_{終}} \boldsymbol{F}\,dt \ [\mathrm{N \cdot s}]$$

を時刻 $t_{始}$ から $t_{終}$ までに物体に加わった**力積**(りきせき)という．すなわち，物体の運動量の変化 $\Delta\boldsymbol{p} = \boldsymbol{p}(t_{終}) - \boldsymbol{p}(t_{始})$ [kg · m/s] は，その間に物体に加わった力積 $\boldsymbol{I}$ に等しい．

力 $\boldsymbol{F}$ が一定の場合は，力積 $\boldsymbol{I}$ は次のように書くことができる．

$$\boldsymbol{I} = \int_{t_{始}}^{t_{終}} \boldsymbol{F}\,dt = \boldsymbol{F}\int_{t_{始}}^{t_{終}} dt = \boldsymbol{F}(t_{終} - t_{始}) \ [\mathrm{N \cdot s}] \tag{5.3}$$

力積の単位は N·s ですが，これは運動量の単位 kg·m/s と一致します．すなわち，$1\,\mathrm{N \cdot s} = 1\,\mathrm{kg \cdot m/s}$ の関係があります（問題 5.1 参照）．

運動量と力積の関係を使おう

難易度 ★☆☆

基本例題メニュー 5.1　　運動量と力積

図 5.1 のように質量 0.4 kg の小球を水平と成す角 30° の滑らかな斜面に衝突させたところ，小球は水平にはね返った．衝突直前の速さが 17.3 m/s であるとき，衝突によって，小球が斜面から受けた力積を求めなさい．

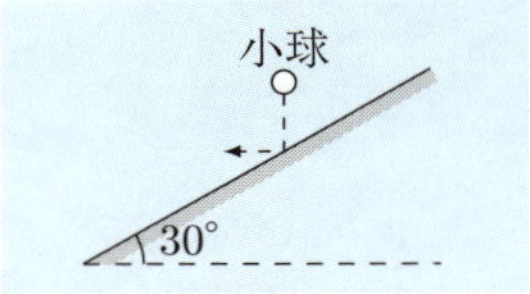

図 5.1　斜面と衝突する小球

【材料】

Ⓐ 運動量の定義：$\boldsymbol{p} = m\boldsymbol{v}$，Ⓑ 運動量と力積の関係：$\Delta\boldsymbol{p} = \boldsymbol{I}$

【レシピと解答】

Step1　斜面に平行で上向きを x 軸，斜面に垂直で上向きを y 軸とし，小球の質量を m [kg]，衝突直前の速さを v [m/s] として，衝突直前の運動量を求める．

$$\begin{cases} p_x(\text{前}) = -mv\sin 30^\circ \ \ [\mathrm{kg\cdot m/s}] \\ p_y(\text{前}) = -mv\cos 30^\circ \ \ [\mathrm{kg\cdot m/s}] \end{cases} \tag{5.4}$$

Step2　衝突直後の速さを v' [m/s] として，衝突直後の運動量を求める．

$$\begin{cases} p_x(\text{後}) = -mv'\cos 30^\circ \ \ [\mathrm{kg\cdot m/s}] \\ p_y(\text{後}) = mv'\sin 30^\circ \ \ [\mathrm{kg\cdot m/s}] \end{cases} \tag{5.5}$$

Step3　力積の x 成分は 0 であることから，運動量の力積の関係より v と v' の関係を求める．

$$-mv'\cos 30^\circ - (-mv\sin 30^\circ) = 0 \tag{5.6}$$

より，$v' = v\tan 30^\circ = \dfrac{v}{\sqrt{3}}$

Step4　運動量の力積の関係と，**Step3** の結果から，小球が斜面から受けた力積を求める．

$$I = mv'\sin 30^\circ - (-mv\cos 30^\circ) = m \times \frac{v}{\sqrt{3}} \times \frac{1}{2} + mv \times \frac{\sqrt{3}}{2}$$

$$= \frac{2}{\sqrt{3}}mv = \frac{2}{\sqrt{3}} \times 0.40 \times 17.3 = \overset{8.0}{7.99}\ \mathrm{N\cdot s} \tag{5.7}$$

この例題では，衝突の時間は非常に短いので，その間に重力がボールに与える力積は無視できます．

実践例題メニュー 5.2　　　　**運動量と力積**

図 5.2 のように質量 m [kg] の速さ v_0 [m/s] のボールを，ボールが飛んできた方向と 45° の向きに，バットで打ち返した．打ち返した直後のボールの速さを $2v_0$ [m/s] とするとき，ボールがバットから受けた力積の大きさを求めなさい．また，バットとボールとの接触時間を Δt [s] としたとき，ボールがバットから受けた平均の力を求めなさい．

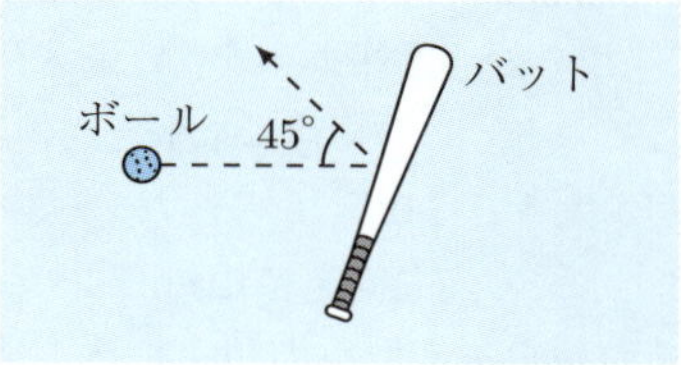

図 5.2　バットと衝突するボール

【材料】 Ⓐ 運動量の定義：$\boldsymbol{p} = m\boldsymbol{v}$，Ⓑ 力積の定義：$\boldsymbol{I} = \int \boldsymbol{F}\,dt$，Ⓒ 運動量と力積の関係：$\Delta\boldsymbol{p} = \boldsymbol{I}$

【レシピと解答】

Step1　ボールが飛んできた方向を x 軸，それと垂直で上向きを y 軸とし，衝突直前の運動量を求める．

$$\begin{cases} p_x(\text{前}) = \boxed{\text{①}\qquad\qquad} \ [\text{kg}\cdot\text{m/s}] \\ p_y(\text{前}) = \boxed{\text{②}\qquad\qquad} \ [\text{kg}\cdot\text{m/s}] \end{cases} \tag{5.8}$$

Step2　衝突直後の速さを v' [m/s] として，衝突直後の運動量を求める．

$$\begin{cases} p_x(\text{後}) = m(2v_0)\cos 45^\circ = \boxed{\text{③}\qquad\qquad} \ [\text{kg}\cdot\text{m/s}] \\ p_y(\text{後}) = m(2v_0)\sin 45^\circ = \boxed{\text{④}\qquad\qquad} \ [\text{kg}\cdot\text{m/s}] \end{cases} \tag{5.9}$$

Step3　運動量の力積の関係より力積を求める．力積の x 成分，y 成分を I_x, I_y とすれば，

$$\begin{cases} I_x = \boxed{\text{⑤}\qquad\qquad\qquad\qquad} \ [\text{N}\cdot\text{s}] \\ I_y = \boxed{\text{⑥}\qquad\qquad\qquad\qquad} \ [\text{N}\cdot\text{s}] \end{cases} \tag{5.10}$$

Step4　$\overline{\boldsymbol{F}} = \frac{\boldsymbol{I}}{\Delta t}$ より，バットがボールに与えた平均の力 $\overline{\boldsymbol{F}} = (\overline{F}_x, \overline{F}_y)$ [N] を求める．

$$\begin{cases} \overline{F}_x = \boxed{\text{⑦}\qquad\qquad\qquad} \ [\text{N}] \\ \overline{F}_y = \boxed{\text{⑧}\qquad\qquad\qquad} \ [\text{N}] \end{cases} \tag{5.11}$$

【実践例題解答】 ① $-mv$　② 0　③ $\sqrt{2}\,mv_0$　④ $\sqrt{2}\,mv_0$
⑤ $\sqrt{2}\,mv_0 - (-mv_0) = (1+\sqrt{2})mv_0$　⑥ $\sqrt{2}\,mv_0 - 0 = \sqrt{2}\,mv_0$
⑦ $\frac{I_x}{\Delta t} = \frac{1}{\Delta t}(1+\sqrt{2})mv_0$　⑧ $\frac{I_y}{\Delta t} = \frac{1}{\Delta t}\sqrt{2}\,mv_0$

問　題

5.1　運動量の単位 $\mathrm{kg \cdot m/s}$ と力積の単位 $\mathrm{N \cdot s}$ とが一致することを確かめなさい．

5.2　滑らかな水平面上を，質量 $3.0\,\mathrm{kg}$ の小物体が大きさ $2.0\,\mathrm{m/s}$ の一定の速さで運動している．この物体に水平方向の力を加えると，物体ははじめの進行方向から 60° の方向に大きさ $4.0\,\mathrm{m/s}$ の速さで運動した．物体に加えられた力積の大きさを求めなさい．

5.3　水平方向右向きに $10\,\mathrm{m/s}$ で運動する質量 $3.0\,\mathrm{kg}$ の小球に，鉛直上向きに $30\,\mathrm{N \cdot s}$ の力積を加えた．力積を加えた後の小球の速さを求めなさい．

5.4　同じ質量のゴムボールと粘土ボールが同じ速度で壁と衝突すると，ゴムボールははね返り，粘土ボールは静止した．どちらのボールが壁に大きな力積を及ぼしただろうか．その理由も説明しなさい．

5.5　ガラス製のコップをある高さから落としたところ，座布団の上に落としたときは割れなかったが，床の上に落としたときは割れてしまった．どうしてだろうか．運動量と力積の関係を用いて，その理由を説明しなさい．

5.6　静止していた質量 $5.0\,\mathrm{kg}$ の小物体が，時刻 $t = 0$ から図 5.3 で表される x 軸方向の力 F_x [N] の力を受けて x 軸に沿って運動した．運動量と力積の関係を用いて，時刻 $t = 2.0, 3.0, 4.0\,\mathrm{s}$ における物体の速度を求めなさい．

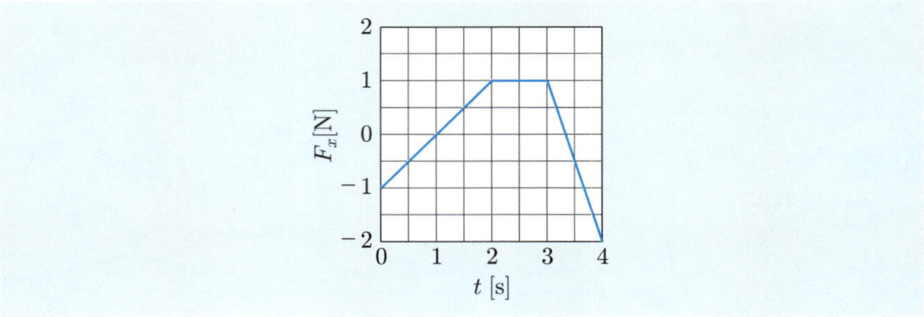

図 5.3　F_x–t グラフ

5.7　図 5.4 のように水平な床面からの高さが h [m] の高さから質量 m [kg] の小球を静かに放したところ，小球は床面と衝突した後で，$0.36h$ [m] の高さまで跳ね上がった．この衝突で床面が小球に及ぼした力積の大きさを求めなさい．ただし，重力加速度の大きさを g [m/s^2] とする．

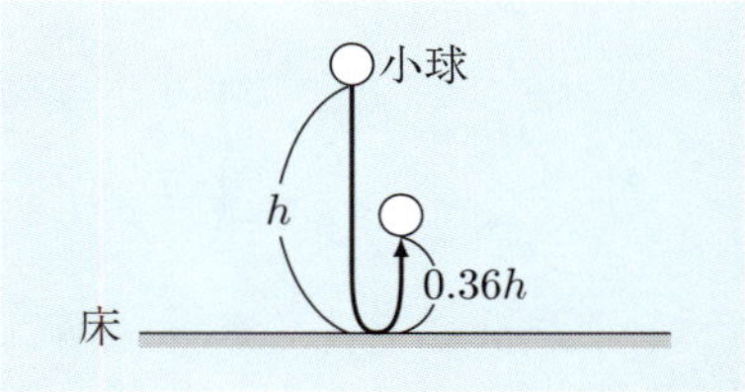

図 5.4　床面と衝突する小球

5.2　運動量保存則

外部の環境から力を及ぼされない限り系の運動量の総和は一定に保たれる．これを**運動量保存則**（うんどうりょうほぞんそく）という．

> 運動量保存則はどのような場合でも成り立つわけではありません．考えている物体の間で力を及ぼし合っているだけで，それらの外部（考えている物体以外）から力を受けていないときのみ運動量保存則は成り立ちます．

運動量保存則の証明

2つの質点 A, B からなる系を考えよう．系が外部から力を及ぼされていない場合，系の運動方程式は，

$$\frac{d\boldsymbol{p}_{\mathrm{A}}}{dt} = \boldsymbol{F}_{\mathrm{B}\to\mathrm{A}}, \quad \frac{d\boldsymbol{p}_{\mathrm{B}}}{dt} = \boldsymbol{F}_{\mathrm{A}\to\mathrm{B}} \tag{5.12}$$

と書ける．ここで，$\boldsymbol{p}_{\mathrm{A}}$ [kg · m/s], $\boldsymbol{p}_{\mathrm{B}}$ [kg · m/s] は質点 A, B の運動量，$\boldsymbol{F}_{\mathrm{A}\to\mathrm{B}}$ [N] は質点 A が B に及ぼす力，$\boldsymbol{F}_{\mathrm{B}\to\mathrm{A}}$ [N] は質点 B が A に及ぼす力である．ここで，辺々を足せば，

$$\frac{d}{dt}(\boldsymbol{p}_{\mathrm{A}} + \boldsymbol{p}_{\mathrm{B}}) = \boldsymbol{F}_{\mathrm{B}\to\mathrm{A}} + \boldsymbol{F}_{\mathrm{A}\to\mathrm{B}} \tag{5.13}$$

となる．一方で，作用・反作用の法則より，$\boldsymbol{F}_{\mathrm{B}\to\mathrm{A}} = -\boldsymbol{F}_{\mathrm{A}\to\mathrm{B}}$ であるから，上式は

$$\frac{d}{dt}(\boldsymbol{p}_{\mathrm{A}} + \boldsymbol{p}_{\mathrm{B}}) = \boldsymbol{0} \tag{5.14}$$

となる．両辺を t で $t_{始}$ [s] から $t_{終}$ [s] まで積分すると，

$$\boldsymbol{p}_{\mathrm{A}}(t_{始}) + \boldsymbol{p}_{\mathrm{B}}(t_{始}) = \boldsymbol{p}_{\mathrm{A}}(t_{終}) + \boldsymbol{p}_{\mathrm{B}}(t_{終}) \tag{5.15}$$

と書くことができる．$t_{始}$, $t_{終}$ は任意であるので，質点 A と B の運動量の和 $\boldsymbol{p}_{\mathrm{A}} + \boldsymbol{p}_{\mathrm{B}}$ は一定に保たれることがわかる．これは，運動量保存則に他ならない．

衝突とはね返り係数 壁に垂直に小球を衝突させて，小球がはね返る場合を考えよう．このとき，一般には壁に衝突する後の小球の速さは，壁に衝突する前の小球の速さに比べて小さくなる．速さがどのくらい小さくなるかを表す物理量が**はね返り係数**（**反発係数**）である．

図 5.5 のように，衝突前の小球の運動方向を x 軸の正の向きとし，壁に衝突する前の小球の速度を v_x [m/s]，壁に衝突した後の小球の速度を v'_x [m/s] とする．このとき，はね返り係数 e を

$$e = -\frac{v'_x}{v_x} \tag{5.16}$$

と定義する．ここで負符号は，はね返り係数の値を正にするためである．

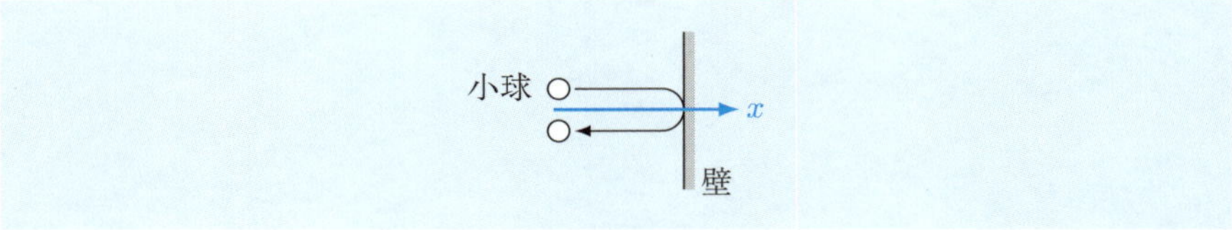

図 5.5 壁との衝突

2 つの物体 A, B の x 軸に沿った衝突でのはね返り係数は，

$$e = -\frac{v'_{\mathrm{A}} - v'_{\mathrm{B}}}{v_{\mathrm{A}} - v_{\mathrm{B}}} \tag{5.17}$$

と定義する．ここで，v_{A}, v_{B} は衝突前の A, B の速度，v'_{A}, v'_{B} は衝突後の A, B の速度である．

はね返り係数は $0 \leqq e \leqq 1$ の間の値を取る．衝突には，はね返り係数の値によって以下の名前が付いている．

- $e = 1$ の場合：**弾性衝突**
- $e < 1$ の場合：**非弾性衝突**
- $e = 0$ の場合：**完全非弾性衝突**

非弾性衝突では，エネルギー（第 6 章参照）の一部は熱として失われます．

運動量保存則を使ってみよう

難易度 ★★☆

基本例題メニュー 5.3 2 物体の衝突

図 5.6 のように，滑らかな水平面上で質量 M [kg] の物体 B が静止している．この物体に質量 m [kg] の物体 A を速度 v_{A} [m/s] で衝突させた．衝突後の物体 A, B の速度を求めなさい．ただし，運動は直線（これを x 軸とする）に沿って行われるものとし，この衝突におけるはね返り係数は e とする．

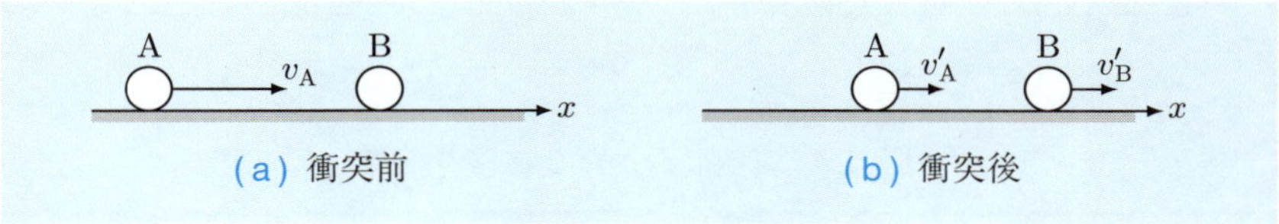

図 5.6 直線に沿った 2 物体の衝突

【材料】

Ⓐ 運動量：$\boldsymbol{p} = m\boldsymbol{v}$，Ⓑ 運動量保存則，Ⓒ はね返り係数

【レシピと解答】

Step1 衝突前の全運動量を求める．

$$P_x = mv_{\mathrm{A}} + M \times 0 = mv_{\mathrm{A}} \ [\mathrm{kg \cdot m/s}] \tag{5.18}$$

Step2 衝突後の A, B の速度を v'_{A} [m/s], v'_{B} [m/s] として衝突後の全運動量を求める．

$$P'_x = mv'_{\mathrm{A}} + Mv'_{\mathrm{B}} \ [\mathrm{kg \cdot m/s}] \tag{5.19}$$

Step3 はね返り係数の定義式より，衝突前後の速度の関係を求める．

$$v'_{\mathrm{A}} - v'_{\mathrm{B}} = -ev_{\mathrm{A}} \tag{5.20}$$

Step4 運動量保存則 $P_x = P'_x$ と (5.20) を用いて，v'_{A}, v'_{B} を求める．

$$v'_{\mathrm{A}} = \frac{m - eM}{m + M} v_{\mathrm{A}} \ [\mathrm{m/s}] \tag{5.21}$$

$$v'_{\mathrm{B}} = \frac{(1 + e)m}{m + M} v_{\mathrm{A}} \ [\mathrm{m/s}] \tag{5.22}$$

同じ質量（$m = M$）の物体が弾性衝突（$e = 1$）をする場合，運動していた物体 A は静止し，物体 B は衝突前の物体 A の速さで運動します．

実践例題メニュー 5.4　　2 物体の衝突

図 5.7 のように，滑らかな水平面上で質量 m [kg] と質量 M [kg] の物体 A, B を正面衝突した．衝突前の A, B の速度を v_{A} [m/s], v_{B} [m/s] として，衝突後の速度を求めなさい．ただし，運動は直線（これを x 軸とする）に沿って行われるものとし，この衝突におけるはね返り係数は e とする．

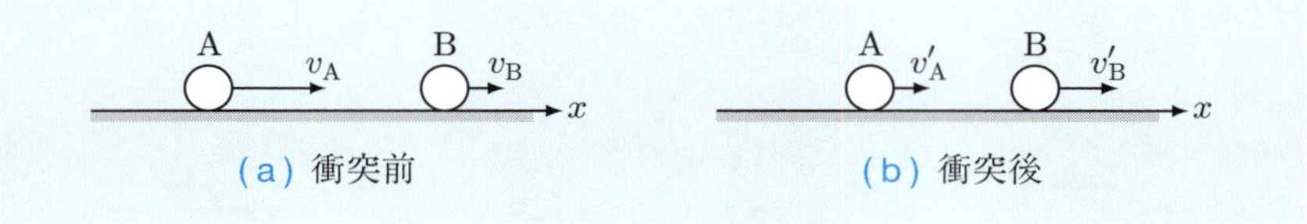

図 5.7　直線に沿った 2 物体の衝突

【材料】

Ⓐ 運動量：$\boldsymbol{p} = m\boldsymbol{v}$，Ⓑ 運動量保存則，Ⓒ はね返り係数

【レシピと解答】

Step1　衝突前の全運動量を求める．

$$P_x = \boxed{①\qquad\qquad} \text{ [kg·m/s]} \tag{5.23}$$

Step2　衝突後の A, B の速度を v'_{A} [m/s], v'_{B} [m/s] として衝突後の全運動量を求める．

$$P'_x = \boxed{②\qquad\qquad} \text{ [kg·m/s]} \tag{5.24}$$

Step3　はね返り係数の定義式より，衝突前後の速度の関係を求める．

$$v'_{\mathrm{A}} - v'_{\mathrm{B}} = \boxed{③\qquad\qquad} \tag{5.25}$$

Step4　運動量保存則 $P_x = P'_x$ と (5.25) を用いて，v'_{A}, v'_{B} を求める．

$$v'_{\mathrm{A}} = \boxed{④\qquad\qquad\qquad\qquad} \text{ [m/s]} \tag{5.26}$$

$$v'_{\mathrm{B}} = \boxed{⑤\qquad\qquad\qquad\qquad} \text{ [m/s]} \tag{5.27}$$

衝突の問題を解くときには，まず，運動量保存則とはね返り係数の式を書いてみましょう．

【実践例題解答】 ① $mv_{\mathrm{A}} + Mv_{\mathrm{B}}$　② $mv'_{\mathrm{A}} + Mv'_{\mathrm{B}}$　③ $-e(v_{\mathrm{A}} - v_{\mathrm{B}})$
④ $\frac{1}{m+M}\{mv_{\mathrm{A}} + Mv_{\mathrm{B}} + eM(v_{\mathrm{B}} - v_{\mathrm{A}})\}$　⑤ $\frac{1}{m+M}\{mv_{\mathrm{A}} + Mv_{\mathrm{B}} - em(v_{\mathrm{B}} - v_{\mathrm{A}})\}$

問　題

5.8　図 5.8 のように，滑らかな水平面上に，質量 M [kg] のブロックが置かれている．このブロックに質量 m [kg] の弾丸を水平方向，大きさ v_0 [m/s] の速度で打ち込んだところ，弾丸はブロックにくい込んで，ブロックに対して静止した．運動量保存則を用いて，弾丸が静止した後のブロックの速さを求めなさい．

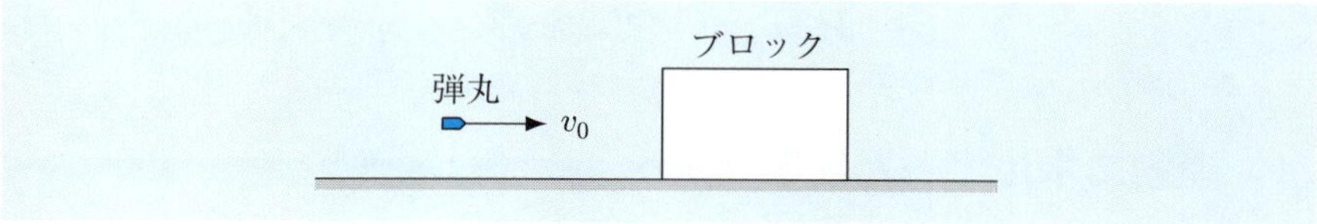

図 5.8　ブロックと弾丸

5.9　ある 2 段ロケットは，地球に対する速さが v_0 [m/s] になったとき，1 段目を切り離し，2 段目に対して v' [m/s] の速さで後方に押し出す．切り離すとき，1 段目の質量は 2 段目の 3 倍であった．運動量保存則を用いて，切り離した直後の 2 段目のロケットの地球に対する速さを求めなさい．

5.10　床面からの高さが h [m] の位置から小球を静かに放す．小球と床面との衝突におけるはね返り係数が e であるとき，小球を落としてから停止するまでの時間を求めなさい．ただし，重力加速度の大きさを g [m/s^2] とする．

5.11　xy 平面上，x 軸に沿って正の向き，大きさ v_0 [m/s] で運動してきた質量 m [kg] の物体 A と，y 軸に沿って正の向き，大きさ $\frac{\sqrt{3}v_0}{2}$ [m/s] で運動してきた質量 $2m$ [kg] の物体 B が原点 O で衝突し，衝突後，A と B は一体となって運動した．衝突後の物体 A, B の速さを求めなさい．

5.12　図 5.9 のように滑らかな水平面上に同じ大きさ，同じ質量の金属球が x 軸に沿って並んで置かれている．これに同じ大きさ，同じ質量の球を x 軸の負の方向から速さ v [m/s] で衝突させたときの，球の運動を説明しなさい．ただし，衝突は弾性衝突であるとする．これは**ニュートンのゆりかご**の原理である．

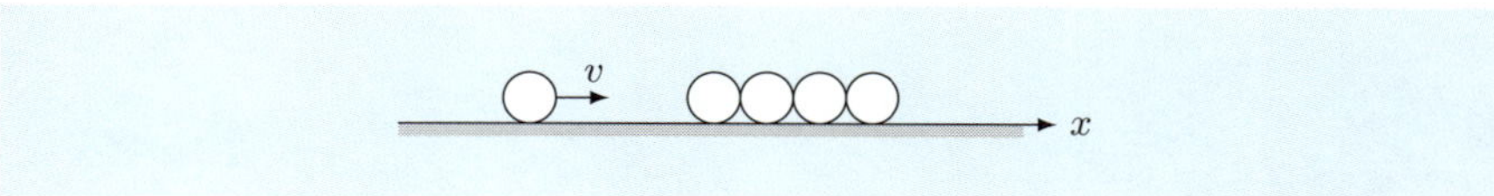

図 5.9　ニュートンのゆりかご

第6章 エネルギーとその保存則

前章では，運動量保存則を利用して運動を解析した．この章では，まず，力学的エネルギーを導入し，もう１つの代表的な保存則である，力学的エネルギー保存則を学ぼう．次に，力学的エネルギー保存則を用いて，運動を解析しよう．

6.1 運動エネルギーと仕事

物体に力が加わり，物体が動いた場合，その力は物体に**仕事**をしたという．力 $\boldsymbol{F}$ [N] の力を加えながら，力の方向に Δr [m] だけ移動した場合，力が物体にした仕事 W を次のように定義する．

$$W = F\Delta r \text{ [J]} \qquad (6.1)$$

仕事の単位は N·m であるが，これを J（ジュール）と表す．

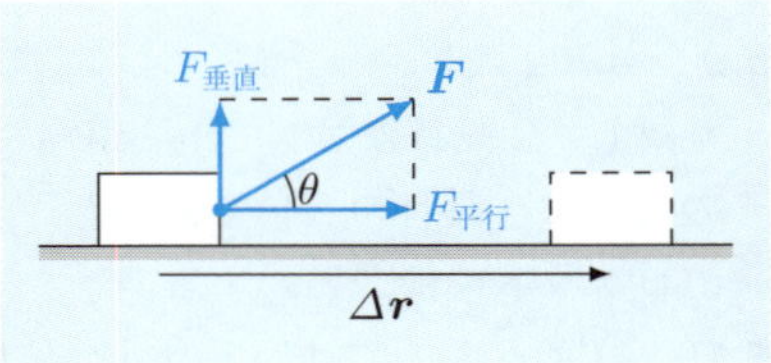

図 6.1　仕事

図 6.1 のように力と物体の移動方向が異なる場合（力と移動方向との成す角を θ [rad] とする）には，力を移動方向に平行な成分 $F_{平行}$（$= F\cos\theta$）[N] と，それに垂直な成分 $F_{垂直}$（$= F\sin\theta$）[N] に分解すれば，$F_{垂直}$ は仕事をしないので，仕事は次のように書ける．

$$W = F_{平行}\,\Delta r = F\Delta r\cos\theta \text{ [J]} \qquad (6.2)$$

また，これは変位ベクトル $\Delta\boldsymbol{r}$ [m] を用いると，次のように書ける．

$$W = \boldsymbol{F}\cdot\Delta\boldsymbol{r} \text{ [J]} \qquad (6.3)$$

ここで，「·」は内積であり，直交座標成分で書くと次のようになる．

$$W = F_x\,\Delta x + F_y\,\Delta y + F_z\,\Delta z \text{ [J]} \qquad (6.4)$$

物理での仕事と日常生活で使う「仕事」とは意味が異なるので注意しよう．

運動エネルギー　質量 m [kg] の物体が速度 $\boldsymbol{v}$ [m/s] で運動しているとき，物体は，

$$K = \frac{1}{2}mv^2 \ \text{[J]} \tag{6.5}$$

で定義されるエネルギーを持っている．これを**運動エネルギー**という．運動エネルギーの単位は仕事と同じく J である．

運動エネルギーと仕事の関係　物体が点 P から点 Q に移動する際の，物体の運動エネルギーの変化

$$\Delta K \equiv K(v_{\mathrm{Q}}) - K(v_{\mathrm{P}})$$

は，その間に物体が外部からされる仕事 W に等しい．これを式で書くと次のようになる．

$$\Delta K = W \tag{6.6}$$

ここで，v_{P} [m/s], v_{Q} [m/s] は，それぞれ，点 P, Q の位置における物体の速さである．

エネルギーは物体自身の持っている物理量であり，仕事は物体が外部（考えている物体以外）とやりとりをするエネルギーの 1 つの形態であることに注意しましょう．

(6.6) の証明

簡単のため，x 軸に沿った運動を考えよう．速度 v_x [m/s] が時間 t [s] の関数であることに注意して，運動エネルギーを t で微分すれば，

$$\frac{d}{dt}\left(\frac{1}{2}m{v_x}^2\right) = m\frac{dv_x}{dt}\cdot v_x = m\frac{dv_x}{dt}\cdot\frac{dx}{dt} \tag{6.7}$$

ここで，運動方程式 $m(\frac{dv_x}{dt}) = F_x$ を用いると，

$$\frac{d}{dt}\left(\frac{1}{2}m{v_x}^2\right) = F_x\frac{dx}{dt} \tag{6.8}$$

となる．両辺を t で t_{P} [s] から t_{Q} [s] まで積分すれば，

$$\frac{1}{2}m\{v_x(t_{\mathrm{Q}})\}^2 - \frac{1}{2}m\{v_x(t_{\mathrm{P}})\}^2 = \int_{x_{\mathrm{P}}}^{x_{\mathrm{Q}}} F_x\,dx \tag{6.9}$$

となり，(6.6) が求まる．

仕事と運動量の関係を使おう

難易度 ★★☆

基本例題メニュー 6.1 斜面上の物体に摩擦力がする仕事

図 6.2 のように，水平と成す角 θ [rad] の粗い斜面上に質量 m [kg] の小物体を静かに置いたところ，物体は転がらずに，斜面に沿って滑り降りた．この物体が L [m] だけ移動したときの物体の速さ v [m] を求めなさい．ただし，重力加速度の大きさを g [m/s^2] とし，物体と斜面との間の動摩擦係数を μ' とする．

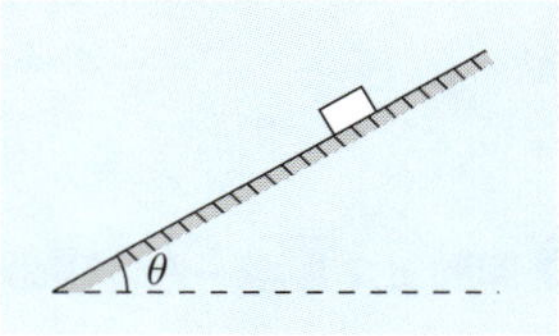

図 6.2 斜面上の物体に摩擦力がする仕事

【材料】

Ⓐ 重力（大きさ：mg），Ⓑ 垂直抗力（大きさ：N），Ⓒ 動摩擦力（大きさ：$\mu' N$），Ⓓ 運動量と仕事の関係：$\Delta K = W$

【レシピと解答】

Step1 物体が L [m] だけ移動するまでに，物体に働く力のする仕事を求める．

物体に働く力は，重力，垂直抗力，動摩擦力である．そのうち，物体に仕事をするのは，重力の斜面に平行な成分と動摩擦力であるから，仕事 W は

$$W = (mg\sin\theta - \mu' mg\cos\theta)L = m(\sin\theta - \mu'\cos\theta)gL \ \text{[J]} \tag{6.10}$$

動摩擦力は移動方向と逆向きなので，負符号を忘れないようにしましょう．

Step2 物体が L [m] だけ移動したときの速さを v [m/s] として，物体が移動し始めてから，L [m] だけ移動するまでの運動エネルギーの変化 ΔK を求める．

$$\Delta K = \frac{1}{2}mv^2 - \frac{1}{2}m \times 0^2 = \frac{1}{2}mv^2 \ \text{[J]} \tag{6.11}$$

Step3 運動量と仕事の関係から，L だけ移動したときの物体の速さ v を求める．

$$m(\sin\theta - \mu'\cos\theta)gL = \frac{1}{2}mv^2 \tag{6.12}$$

より $v = \sqrt{2(\sin\theta - \mu'\cos\theta)gL}$ [m/s] と求まる．これは，運動方程式を用いて求めた結果（基本例題メニュー 3.7）と一致する（(3.64) は，速度の式であり斜面に沿って上向きを x 軸の正の向きとしているので負符号が付いている）．

実践例題メニュー 6.2　水平面上の物体に摩擦力がする仕事

図 6.3 のように粗い水平面上に小物体を置き，初速 v_0 [m/s] を与えた．運動エネルギーと仕事の関係を用いて，物体が静止するまでに移動する距離を求めなさい．ただし，重力加速度の大きさを g [m/s^2] とし，物体と床面との動摩擦係数を μ' とする．

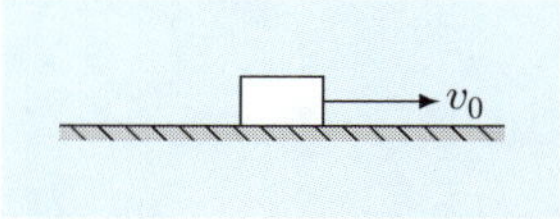

図 6.3　粗い水平面上を運動する物体の移動距離

【材料】

Ⓐ 重力（大きさ：mg），Ⓑ 垂直抗力（大きさ：N），Ⓒ 動摩擦力（大きさ：$\mu' N$），Ⓓ 運動量と仕事の関係：$\Delta K = W$

【レシピと解答】

Step1　物体が L [m] だけ移動して静止したとして，物体に働く摩擦力のする仕事 W を求める．

物体に働く力は，重力，垂直抗力，動摩擦力である．そのうち，物体に仕事をするのは動摩擦力であるから，仕事は

$$W = \boxed{①\qquad\qquad} \text{ [J]} \qquad (6.13)$$

Step2　$t = 0$ から物体が静止するまでの運動エネルギーの変化 ΔK を求める．

$$\Delta K = \boxed{②\qquad\qquad} \text{ [J]} \qquad (6.14)$$

Step3　運動エネルギーと仕事の関係より，物体が静止するまでに移動した距離を求める．

$$\boxed{③\qquad\qquad} \quad \text{（運動エネルギーと仕事の関係）} \qquad (6.15)$$

より

$$L = \boxed{④\qquad} \text{ [m]}$$

と求まる．これは，運動方程式を用いて求めた結果（実践例題メニュー 3.8）と一致する．

【実践例題解答】 ① $-F_{\text{摩擦}}L = -\mu mgL$　② $\frac{1}{2}m \times 0^2 - \frac{1}{2}m{v_0}^2 = -\frac{1}{2}m{v_0}^2$
③ $-\frac{1}{2}m{v_0}^2 = -\mu' mgL$　④ $\frac{{v_0}^2}{2\mu' g}$

問　題

6.1　定滑車と伸び縮みしない軽いひもからなる装置A（図 6.4 (a)）と，定滑車，軽い動滑車，伸び縮みしない軽いひもからなる装置B（図 6.4 (b)）を用いて質量 m [kg] のおもりを高さ h [m] だけゆっくりと持ち上げるときの，仕事の大きさをそれぞれ求めなさい．ただし，ひもと滑車の間の摩擦はないものとし，重力加速度の大きさを g [m/s^2] とする．

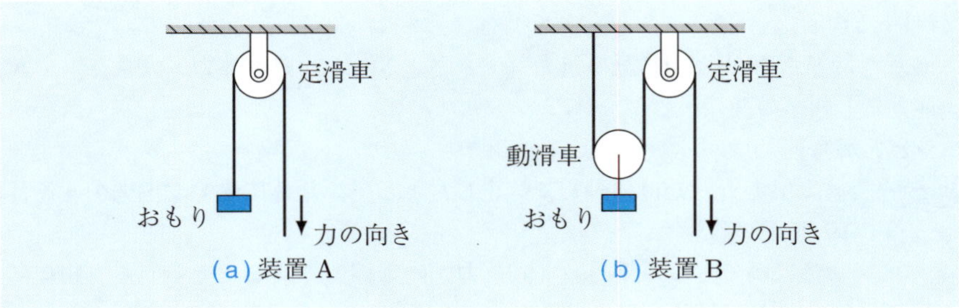

図 6.4　滑車を用いた場合の仕事

6.2　図 6.5 のように，水平と成す角 30° と 60° の滑らかな斜面 A, B からなる地上からの高さが h [m] の山がある．物体を地上から山頂までゆっくりと運ぶとき，斜面 A に沿って運ぶのに要する仕事と斜面 B に沿って運ぶのに要する仕事ではどちらが大きいか，もしくは等しいか．

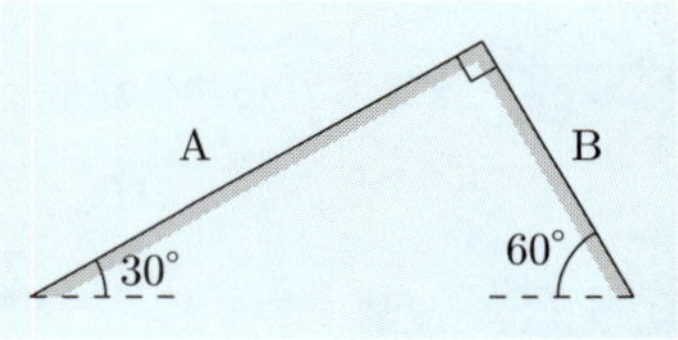

図 6.5　2つの斜面からなる山

6.3　ばね定数 k [N/m] のばねからなる水平ばね振り子をゆっくりと引っ張って，ばねを自然長から x_0 [m] だけ伸ばすのに要する仕事を求めなさい．

6.4　図 6.6 のように長さ l [m] の伸び縮みしない軽い糸の一端を天井に固定し，他端に質量 m [kg] のおもりを付けた振り子がある．この振り子のおもりを糸が鉛直方向から θ [rad] になる位置から静かに放した．おもりが最下点に移動するまでに，おもりのされる仕事の大きさを求めなさい．ただし，重力加速度の大きさを g [m/s^2] とする．

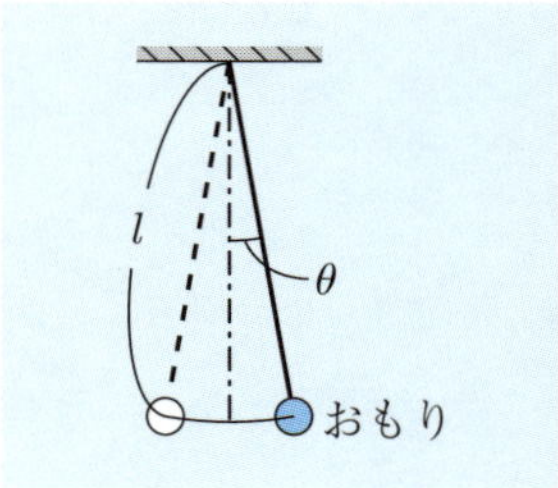

図 6.6　振り子の運動

6.5　x 軸に沿って加速度 a_x [m/s^2] で等加速度直線運動をする小物体の速度 $v_x(t)$ [m/s] と位置 $x(t)$ [m] の間には次の関係があることを示しなさい．

$$\left\{v_x(t_{終})\right\}^2 - \left\{v_x(t_{始})\right\}^2 = 2a_x\left\{x(t_{終}) - x(t_{始})\right\} \tag{6.16}$$

6.2　力学的エネルギー保存則

ポテンシャルエネルギー　位置のみの関数 $U(\boldsymbol{r})$ を用いて，力が

$$F_x = -\frac{\partial U}{\partial x}\ [\mathrm{N}], \quad F_y = -\frac{\partial U}{\partial y}\ [\mathrm{N}], \quad F_z = -\frac{\partial U}{\partial z}\ [\mathrm{N}] \tag{6.17}$$

と書ける場合，U [J] をポテンシャルエネルギーといい，このように書ける力を**保存力**(ほぞんりょく)という．ここで，$\frac{\partial}{\partial x}$ は y, z を固定して x で微分することを意味し，これを x に関する**偏微分**(へんびぶん)という．$\frac{\partial}{\partial y}$, $\frac{\partial}{\partial z}$ も同様である．

> ポテンシャルエネルギーの定義式 (6.17) からわかるように，ポテンシャルエネルギー U に定数を加えても，(6.17) は変わりません．これは，ポテンシャルエネルギーの基準をどこに選んでもよいことを意味します．通常は問題を解きやすいように基準を選びます．

重力のポテンシャルエネルギー　質量 m [kg] の物体が基準からの高さ y [m] の位置にある場合，重力によるポテンシャルエネルギー U は次のように書ける．

$$U = mgy\ [\mathrm{J}] \tag{6.18}$$

弾性力のポテンシャルエネルギー　ばね定数 k [N/m] のばねが自然長から x [m] だけ伸びている場合，自然長を基準とすれば，ばねの弾性力によるポテンシャルエネルギー U は次のように書ける．

$$U = \frac{1}{2}kx^2\ [\mathrm{J}] \tag{6.19}$$

仕事とポテンシャルエネルギー　物体が点 P から点 Q まで，保存力を受けて運動するとき，その間に保存力のする仕事 W は，P と Q のポテンシャルエネルギーの値を $U(\boldsymbol{r}_\mathrm{P})$ [J], $U(\boldsymbol{r}_\mathrm{Q})$ [J] を用いて次のように書ける．

$$W = U(\boldsymbol{r}_\mathrm{P}) - U(\boldsymbol{r}_\mathrm{Q})\ [\mathrm{J}] \tag{6.20}$$

ここで，$\boldsymbol{r}_\mathrm{P}$, $\boldsymbol{r}_\mathrm{Q}$ は，それぞれ P, Q の位置ベクトルである．

力学的エネルギー　運動エネルギー K [J] とポテンシャルエネルギー U [J] の和

$$E = K + U \text{ [J]} \tag{6.21}$$

を**力学的エネルギー**という．

力学的エネルギー保存則　物体に働く力が保存力の場合，物体の力学的エネルギーは保存する．これを**力学的エネルギー保存則**という．

物体に摩擦力や空気の抵抗力のような保存力ではない力（非保存力（ひほぞんりょく））が働くときには物体の力学的エネルギーは保存しません．これは，これらの力によってエネルギーが熱として外部に逃げていくからです．

力学的エネルギー保存則の証明

物体が保存力のみを受けて点 P から点 Q に移動したとき，物体がされる仕事はポテンシャルエネルギーを用いて，

$$W = U(\boldsymbol{r}_{\mathrm{P}}) - U(\boldsymbol{r}_{\mathrm{Q}})$$

と書ける．一方で物体がされる仕事は物体の運動エネルギーで

$$W = K(v_{\mathrm{Q}}) - K(v_{\mathrm{P}})$$

と書くこともできる．これらより，

$$K(v_{\mathrm{P}}) + U(\boldsymbol{r}_{\mathrm{P}}) = K(v_{\mathrm{Q}}) + U(\boldsymbol{r}_{\mathrm{Q}}) \tag{6.22}$$

エネルギー保存則を使おう

難易度 ★★☆

基本例題メニュー 6.3　アドウッドの器械のエネルギー

図 6.7 の質量 m_A [kg] のおもり A と質量 m_B [kg]（$m_A < m_B$）のおもり B を伸び縮みしない軽い糸で結び，滑らかに回転する軽い滑車に掛けて静かに放すと，おもり A は上向きに，おもり B は下向きに移動した．力学的エネルギー保存則を用いて，おもり A, B が L [m] だけ移動したときのおもり A, B の速さを説明しなさい．

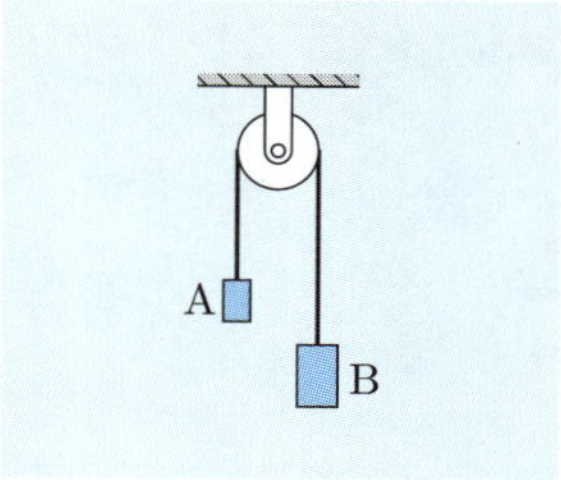

図 6.7　アドウッドの器械のエネルギー

【材料】Ⓐ 重力のポテンシャルエネルギー：$U = mgh$, Ⓑ 運動エネルギー：$K = \frac{1}{2}mv^2$, Ⓒ 力学的エネルギー保存則：$\Delta E = \Delta K + \Delta U = 0$

【レシピと解答】

Step1　おもりが L だけ移動したときのポテンシャルエネルギーの変化 ΔU を求める．

ポテンシャルエネルギーは，おもり A は $m_A gL$ だけ増加し，B は $m_B gL$ だけ減少するから，全体のポテンシャルエネルギーの変化 ΔU は

$$\Delta U = m_A gL - m_B gL = (m_A - m_B)gL \text{ [J]} \tag{6.23}$$

Step2　おもり A, B が L だけ移動したときの A, B の速さを v [m/s] とし，A, B が L だけ移動したときの運動エネルギーの変化 ΔK を求める．

運動エネルギーは，おもり A は $\frac{1}{2}m_A v^2$，B は $\frac{1}{2}m_B v^2$ だけ増加する．したがって，系全体の運動エネルギーの変化 ΔK は

$$\Delta K = \frac{1}{2}m_A v^2 + \frac{1}{2}m_B v^2 = \frac{1}{2}(m_A + m_B)v^2 \text{ [J]} \tag{6.24}$$

Step3　力学的エネルギー保存則より，v を求める．

力学的エネルギー保存則より

$$(m_A - m_B)gL + \frac{1}{2}(m_A + m_B)v^2 = 0 \tag{6.25}$$

が成り立つ．これを v について解けば，次のようになる．

$$v = \sqrt{\frac{2gL(m_B - m_A)}{m_A + m_B}} \text{ [m/s]} \tag{6.26}$$

これは実践例題メニュー 3.6 の結果と一致する．

実践例題メニュー 6.4　振り子のエネルギー

図 6.8 より，長さ l [m] の伸び縮みしない軽い糸の一端を天井に固定し，他端に質量 m [kg] のおもりを付けた振り子がある．この振り子のおもりを糸が鉛直方向から θ [rad] になる位置から静かに放した．最下点でのおもりの速さを求めなさい．ただし，重力加速度の大きさを g [m/s^2] とする．

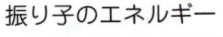

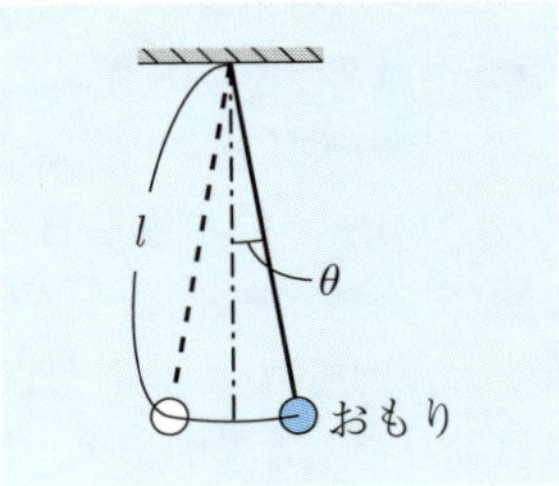

図 6.8　振り子のエネルギー

【材料】

Ⓐ 重力のポテンシャルエネルギー：$U = mgh$，Ⓑ 運動エネルギー：$K = \frac{1}{2}mv^2$，
Ⓒ 力学的エネルギー保存則：$\varDelta K + \varDelta U = 0$

【レシピと解答】

Step1　糸が鉛直方向から θ になる位置から最下点まで物体が移動したときのポテンシャルエネルギーの変化を求める．

鉛直方向から θ になる位置と最下点との高さの差は $l - l\cos\theta$ であるから，重力のポテンシャルエネルギーの変化は次のようになる．

$$\varDelta W = \boxed{①\qquad\qquad} \text{ [J]} \tag{6.27}$$

Step2　最下点の物体の速さ v [m/s] として，糸が鉛直方向から θ になる位置から最下点まで物体が移動したときの運動エネルギーの変化を求める．

運動エネルギーの変化は，次のようになる．

$$\varDelta K = \boxed{②\qquad} \text{ [J]} \tag{6.28}$$

Step3　力学的エネルギー保存則より，v を求める．

力学的エネルギー保存則より

$$\boxed{③\qquad\qquad\qquad} = 0 \tag{6.29}$$

が成り立つ．これを v について解けば，

$$v = \boxed{④\qquad\qquad} \text{ [m/s]}$$

と求まる．

【実践例題解答】 ① $-mgl(1-\cos\theta)$　② $\frac{1}{2}mv^2$　③ $-mgl(1-\cos\theta)+\frac{1}{2}mv^2$
④ $\sqrt{2gl(1-\cos\theta)}$

問 題

6.6 地上から質量 m [kg] の小球を鉛直上方に初速 v_0 [m/s] で投げ上げた．力学的エネルギー保存則を用いて，小球の最高点の高さを求めなさい．ただし，重力加速度の大きさを g [m/s^2] とする．

6.7 地上からの高さが h [m] の位置から質量 m [kg] の小球を初速 v_0 [m/s] で鉛直下方に投げ下ろした．力学的エネルギー保存則を用いて，地上に到達する直前の小球の速さを求めなさい．ただし，重力加速度の大きさを g [m/s^2] とする．

6.8 滑らかな水平面上にばね定数 k [N/m] のばねの一端を固定し，他端に質量 m [kg] のおもりを付けた水平ばね振り子がある．ばねが伸びる方向におもりを x_0 [m] だけ引き，静かに放すと，おもりは振動を繰り返した．力学的エネルギー保存則を用いて，ばねの長さが自然長になったときのおもりの速さを求めなさい．

6.9 ばね定数 k [N/m] の軽いばねの一端を天井に固定し，他端に質量 m [kg] のおもりを取り付け鉛直に吊した鉛直ばね振り子がある．おもりをつり合いの位置から x_0 [m] だけ引き下げ，静かに放すと，おもりは振動を繰り返した．力学的エネルギー保存則を用いてつり合いの位置におけるおもりの速さを求めなさい．ただし，重力加速度の大きさを g [m/s^2] とする．

6.10 図 6.9 のように質量 m [kg] の物体 A と質量 $2m$ [kg] の物体 B があり，A にはばね定数 k [N/m] の軽いばねが取り付けられている．滑らかな水平面上で，B を A のばねに押し付けて，ばねを自然長より d [m] だけ縮めた状態から静かに放すと A は右向きに，B は左向きに運動した．A と B とが離れた後の，A, B の速さを求めなさい．

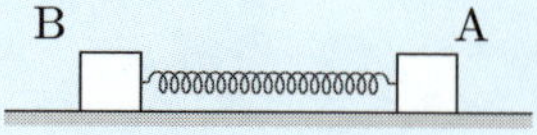

図 6.9 ばねの付いた物体 A と物体 B

6.11 滑らかな水平面上，x 軸に沿って運動してきた，質量 m [kg] と質量 M [kg] の物体 A, B がはね返り係数 e の正面衝突をした．衝突前の A, B の速度を v_{A} [m/s], v_{B} [m/s] として，この衝突によって失われる力学的エネルギーを求めなさい．ただし，運動は直線に沿って行われるものとする．

6.12 静止している質量 $m+M$ [kg] の隕石に仕掛けた爆弾を爆発させて，質量 m と M の隕石 A, B に分裂させた．爆発のエネルギーを $\varDelta E$ [J] とし，そのエネルギーが全て隕石 A, B の運動エネルギーになるとしたとき，分裂後の隕石 A, B の速さを求めなさい．

第 7 章 みかけの力

運動方程式は慣性座標系でのみ成り立つ．運動方程式を非慣性座標系でも適用できる形に拡張しよう．そして，非慣性座標系で現れるみかけの力を理解しよう．

7.1 みかけの力

図 7.1 のように慣性系 $\mathrm{K}(x, y, z)$ に対して，x 軸に沿って加速度 a_0 [m/s^2] で等加速度直線運動する非慣性座標系 $\mathrm{K}'(x', y', z')$ を考えよう．

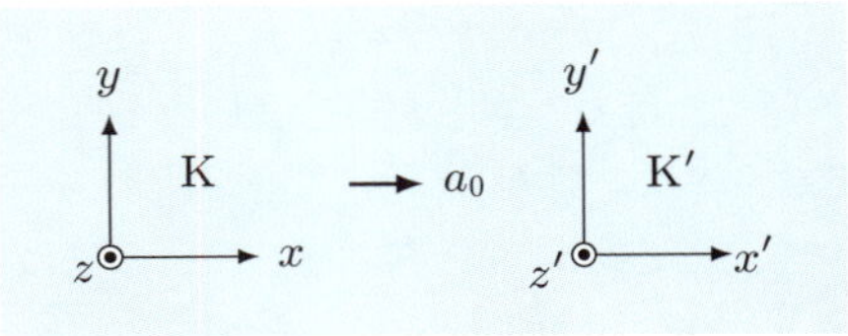

図 7.1　みかけの力

時刻 $t = 0$ でこの 2 つの座標系は一致していたとする．K' 系における運動方程式は，次のように書き換えられる．

$$m\frac{dx'^2}{dt^2} = F_x - ma_0 \ [\mathrm{N}], \quad m\frac{dy'^2}{dt^2} = F_y \ [\mathrm{N}], \quad m\frac{dz'^2}{dt^2} = F_z \ [\mathrm{N}] \qquad (7.1)$$

ここで，m [kg] は考えている質点の質量，$\boldsymbol{F} = (F_x, F_y, F_z)$ [N] は質点に働く力である．第 1 式の右辺第 2 項の $-ma_0$ は，あたかも力と同じ働きをするように見えるので，この項を**みかけの力**または**慣性力**（かんせいりょく）という．みかけの力は，通常の力と同じ働きをするが，実際の力とは異なり，作用・反作用の関係にある対になる力はない．

(7.1) の導出

K 系と K′ 系の間の座標の関係は，次のように書ける．

$$x' = x - \frac{1}{2}a_0 t^2 - v_0 t, \quad y' = y, \quad z' = z \qquad (7.2)$$

ただし，v_0 [m/s] は $t = 0$ における K 系に対する K′ 系の速度である．それぞれ両辺を t で 2 回微分すれば，

$$\frac{d^2x'}{dt^2} = \frac{d^2x}{dt^2} - a_0, \quad \frac{d^2y'}{dt^2} = \frac{d^2y}{dt^2}, \quad \frac{d^2z'}{dt^2} = \frac{d^2z}{dt^2} \qquad (7.3)$$

となる．これを運動方程式 $m\boldsymbol{a} = \boldsymbol{F}$ に代入すれば，(7.1) を得る．

非慣性系で考えよう

難易度 ★☆☆

基本例題メニュー 7.1　エレベータの中のばねに吊したおもり

ばね定数 k [N/m] の軽いばねの一端をエレベータの天井に固定し，他端に質量 m [kg] のおもりを付けて鉛直に吊す．エレベータが大きさ a_0 [m/s^2] の加速度で上昇しているとき，ばねの自然長からの伸びを求めなさい．

【材料】

Ⓐ 重力（大きさ：mg），Ⓑ ばねの弾性力（大きさ：kx），Ⓒ みかけの力

【レシピと解答】

Step1　概略図を描き，おもりに働く力を見つける．

図 7.2 のように，おもりに働く力はばねの弾性力 $\boldsymbol{F}_{弾性力}$ [N] と重力 $\boldsymbol{W}$ [N] である．

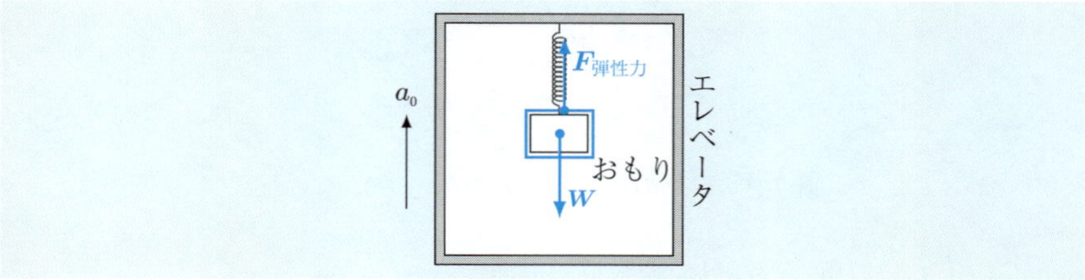

図 7.2　ばねに吊されたおもりに働く力

Step2　おもりに働くみかけの力を見つける．

おもりには鉛直下向きで大きさ ma_0 [N] のみかけの力が働く．

Step3　みかけの力を含めたつり合いの式より，ばねの自然長からの伸びを求める．

重力の大きさは $W = mg$ [N] であるから，ばねの自然長からの伸びを x [m] とすれば，みかけの力を含めたつり合いの式は

$$kx - mg - ma_0 = 0 \tag{7.4}$$

と書ける．これを x について解けば

$$x = \frac{m(g + a_0)}{k} \text{ [m]} \tag{7.5}$$

となる．

上昇するエレベータの中で，体重が重くなったように感じたことがあると思います．これは慣性力を用いて説明できます．

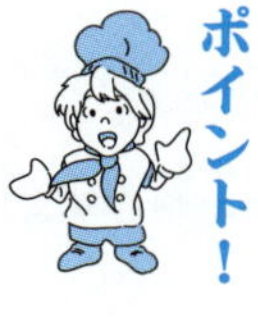

実践例題メニュー 7.2　等速直線運動する電車内に吊されたおもり

水平方向に加速度の大きさ a_0 [m/s^2] で等加速度直線運動する電車内で，天井に伸び縮みしない糸の一端を固定し，他端におもりを取り付けて吊した．重力加速度の大きさを g [m/s^2] として，糸がおもりを引く力の大きさを求めなさい．

【材料】

Ⓐ 重力（大きさ：mg），Ⓑ 糸の張力，Ⓒ みかけの力

【レシピと解答】

Step1　概略図を描き，おもりに働く力を見つける．

図 7.3 のように，おもりに働く力は ① [　　　　] である．

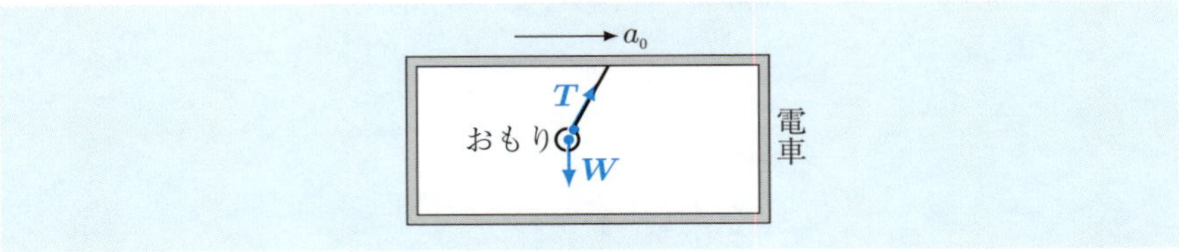

図 7.3　電車の中に吊されたおもりに働く力

Step2　おもりに働くみかけの力を見つける．

おもりには進行方向と逆向きに大きさ ② [　　] [N] のみかけの力が働く．

Step3　みかけの力を含めたつり合いの式より，ばねの自然長からの伸びを求める．

重力の大きさは $W = mg$ [N] であるから，糸の鉛直方向と成す角 θ [rad] とすれば，みかけの力を含めたつり合いの式は

$$\begin{cases} \text{水平成分：} \quad ③\boxed{\qquad\qquad} = 0 \\ \text{鉛直成分：} \quad ④\boxed{\qquad\qquad} = 0 \end{cases} \tag{7.6}$$

と書ける．これを張力の大きさ T について解けば

$$T = ⑤\boxed{\qquad\qquad} \text{ [N]} \tag{7.7}$$

となる．

【実践例題解答】　① 糸の張力 $\boldsymbol{T}$ [N] と重力 $\boldsymbol{W}$ [N]　② ma_0　③ $T\sin\theta - ma_0$　④ $T\cos\theta - mg$　⑤ $m\sqrt{g^2 + a_0{}^2}$

問　題

7.1　鉛直上向きに大きさ a_0 [m/s^2] の加速度で等加速度直線運動するエレベータの中で，時刻 $t = 0$ に質量 m [kg] の小球を鉛直上向きに初速 v_0 [m/s] で投げ上げた．この小球の運動について，エレベータに乗っている人の立場で運動方程式を立て，任意の時刻 t [s] の小球の位置および速度を求めなさい．ただし，重力加速度の大きさを g [m/s^2] とする．

7.2　水平方向に大きさ a_0 [m/s^2] で等加速度直線運動をしている電車の中で，時刻 $t = 0$ に，質量 m [kg] の小球を鉛直上向きに初速 v_0 [m/s] で投げ上げた．この小球の運動について，電車に乗っている人の立場で運動方程式を立て，任意の時刻 t [s] の小球の位置および速度を求めなさい．ただし，重力加速度の大きさを g [m/s^2] とする．

7.3　水平方向に加速度の大きさ a_0 [m/s^2] で等加速度直線運動する電車内での，長さ l [m] の伸び縮みしない糸と，質量 m [kg] のおもりからなる単振り子の周期を求めなさい．ただし，振り子は電車の進行方向を含む面内で運動するものとする．

7.4　図 7.4 のように，傾斜角 θ [rad] の粗い斜面を持つ台の上に質量 m [kg] の小物体を乗せ，台を水平方向で図の左向きの一定の加速度で等加速度直線運動をさせる．このとき，小物体が台に対して静止しているための加速度の大きさの範囲を求めなさい．ただし，重力加速度の大きさを g [m/s^2] とし，物体と台との間の静止摩擦係数を μ とする．

7.5　図 7.5 のように，滑らかな水平面上に質量 M [kg]，長さ L [m] の板 A があり，板 A の右端には質量 m [kg] の小物体 B が置かれている．この板 A に水平方向で図の右向き，大きさ F [N] の一定の力を加えたところ，板 A と小物体 B は異なる加速度で運動した．力を加えてから，小物体 B が板 A から落ちるまでの時間を求めなさい．ただし，重力加速度の大きさを g [m/s^2] とし，物体 B と板 A との間の動摩擦係数を μ' とする．

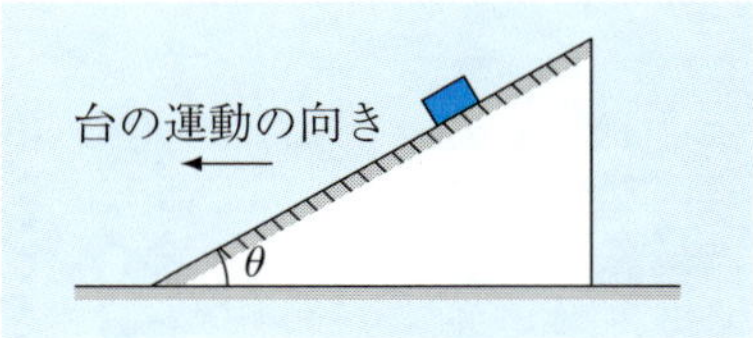

図 7.4　粗い斜面を持つ台の上に置かれた物体

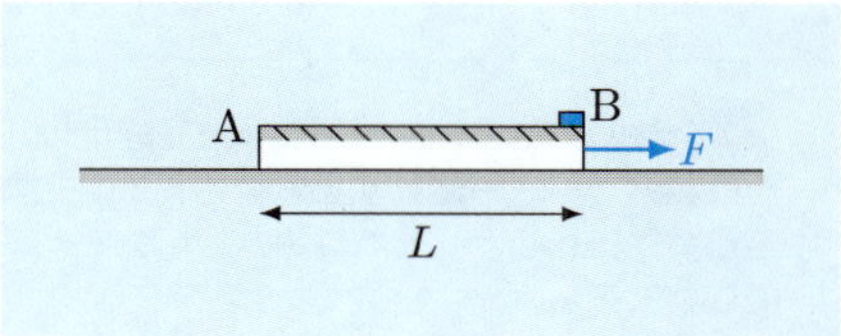

図 7.5　板の上の小物体が落ちるまでの時間

7.2 遠心力とコリオリ力

4.1 節で見たように物体が等速円運動するときには，物体は中心向きの加速度を持つ．つまり，物体は中心向きに向心力を受けている．

物体と同心で同じ角速度で回転する座標系からこの物体の運動を見てみると，物体は静止しているように見える．したがって，この座標系から見た場合，向心力とつり合うために同じ大きさで逆向きのみかけの力が働いていると考える．

慣性座標系 $\mathrm{K}(x, y, z)$ と，同じ点を原点とし，z 軸まわりに角速度 ω [rad/s] で回転する非慣性座標系 $\mathrm{K}'(x', y', z')$ を考える．この場合，K' 系での運動方程式は次のように書ける（問題 7.6 参照）．

$$\begin{cases} m\dfrac{d^2x'}{dt^2} = F_{x'} + 2m\omega v_{y'} + m\omega^2 x' \\ m\dfrac{d^2y'}{dt^2} = F_{y'} - 2m\omega v_{x'} + m\omega^2 y' \\ m\dfrac{d^2z'}{dt^2} = F_{z'} \end{cases} \tag{7.8}$$

ただし，m [kg] は質点の質量であり，$\boldsymbol{F}' = (F_{x'}, F_{y'}, F_{z'})$ [N] は K' 系から見た物体に働く力である．

ここで，(7.8) の右辺第 2 項，

$$(2m\omega v_{y'}, -2m\omega v_{x'}, 0) \tag{7.9}$$

を**コリオリ力**（りょく）といい，第 3 項，

$$(m\omega^2 x', m\omega^2 y', 0) \tag{7.10}$$

を**遠心力**（えんしんりょく）という．どちらも，非慣性座標系で考えたことによって現れたみかけの力である．コリオリ力は回転座標系から見て運動している物体のみに働き，遠心力は回転座標系から見て，静止している物体にも働くみかけの力である．

コリオリ力は回転座標系から見て静止している物体には働きません．それなので等速円運動する物体は，それと同じ角速度で回転する回転座標系から見ると，それはみかけの力として遠心力のみを含めた問題になります．

回転座標系から見たつり合いの式を立てよう

難易度 ★☆☆

基本例題メニュー 7.3　円錐振り子と遠心力

図 7.6 のように長さ l [m] の伸び縮みしない軽い糸の一端を天井に固定し，他端に質量 m [kg] のおもりを付けて円錐振り子を作った．糸と鉛直との成す角が θ [rad] となるようにおもりを水平面上で等速円運動させた場合に，おもりと共に等速円運動している観測者の立場でつり合いの式を立てて，それを解いて，糸の張力および円運動の周期を求めなさい．ただし，重力加速度の大きさを g [m/s^2] とする．

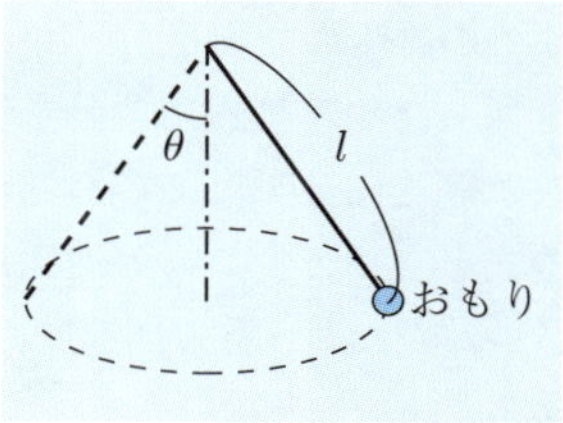

図 7.6　円錐振り子と遠心力

【材料】

Ⓐ 運動方程式；$m\boldsymbol{a} = \boldsymbol{F}$，Ⓑ 遠心力（大きさ：$m\omega^2 r$），Ⓒ 力のつり合い

【レシピと解答】

Step1　おもりと共に等速円運動している観測者の立場ではおもりは静止している．そこで，等速円運動の角速度を ω [rad/s] として遠心力も含めたつり合いの式を立てる．

おもりに働く力は糸の張力 $\boldsymbol{S}$ [N] と大きさ mg [N] の重力である．したがって，遠心力 $m(l\sin\theta)\omega^2$ を含めた力のつり合いの式は

$$\begin{cases} \text{水平成分：} & -S\sin\theta + m(l\sin\theta)\omega^2 = 0 \\ \text{鉛直成分：} & S\cos\theta - mg = 0 \end{cases} \tag{7.11}$$

となる．

Step2　(7.11) の鉛直成分の式を S について解いて糸の張力の大きさを求める．

$$S = \frac{mg}{\cos\theta}\ \text{[N]} \tag{7.12}$$

Step3　(7.11) の水平成分の式を ω について解き，それに (7.12) で求めた S を代入して，角速度 ω を求める．

$$\omega = \sqrt{\frac{S}{ml}} = \sqrt{\frac{g}{l\cos\theta}}\ \text{[rad/s]} \tag{7.13}$$

これは基本例題メニュー 4.1 の答えと一致する．

実践例題メニュー 7.4　円錐面上を等速円運動する物体と遠心力

図 7.7 のように，中心軸が鉛直になるように固定された半頂角 θ [rad] の滑らかな円錐面がある．この円錐内面を質量 m [kg] の小球が，高さ h [m] を保ちながら等速円運動を行っている．おもりと共に等速円運動している観測者の立場でつり合いの式を立てて，この等速円運動の角速度を求めなさい．ただし，重力加速度の大きさを g [m/s^2] とする．

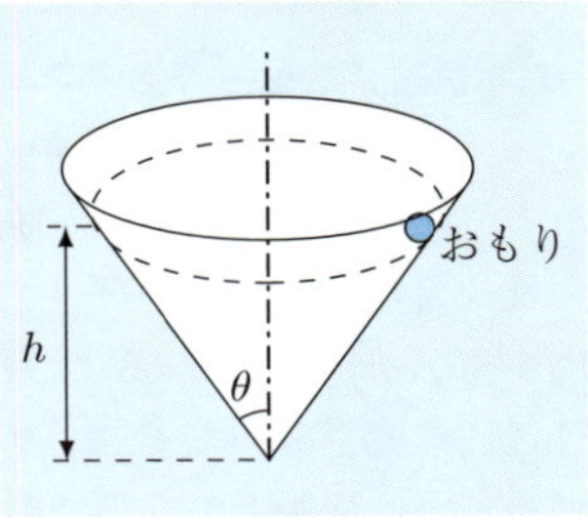

図 7.7　円錐内面を回転する小物体

【材料】

Ⓐ 重力：(大きさ：mg)，Ⓑ 垂直抗力，Ⓒ 遠心力（大きさ：$m\omega^2 r$)，Ⓓ 力のつり合い

【レシピと解答】

Step1　等速円運動の角速度を ω [rad/s] としておもりと共に等速円運動している観測者の立場で力のつり合いの式を立てる．

おもりに働く力は，垂直抗力 $\boldsymbol{N}$ [N] と大きさ mg [N] の重力である．

$$\begin{cases} \text{水平成分：} \boxed{①\qquad\qquad} = 0 \\ \text{鉛直成分：} \boxed{②\qquad\qquad} = 0 \end{cases} \tag{7.14}$$

となる．

Step2　(7.14) の鉛直方向の式を N について解いて垂直抗力の大きさを求める．

$$N = \boxed{③\qquad} \text{ [N]} \tag{7.15}$$

Step3　(7.14) の水平成分の式を角速度 ω について解き，それに (7.15) で求めた N を代入して，ω を求める．

$$\omega = \boxed{④\qquad\qquad} \text{ [rad/s]} \tag{7.16}$$

これは，問題 4.3 の答えと一致する．

【実践例題解答】　① $-N\cos\theta + m(h\tan\theta)\omega^2$　② $N\sin\theta - mg$　③ $\frac{mg}{\sin\theta}$
④ $\sqrt{\frac{N\cos\theta}{mh\tan\theta}} = \sqrt{\frac{g}{h\tan^2\theta}}$

問　題

7.6　慣性座標系 $\mathrm{K}(x, y, z)$ と，同じ点を原点とし，z 軸まわりに角速度 ω [rad/s] で回転する非慣性座標系 $\mathrm{K}'(x', y', z')$ を考える．$t = 0$ で 2 つの座標系は一致していたとする．K' 系での運動方程式は (7.8) と書けることを示しなさい．

7.7　図 7.8 のように質量 m [kg] の小物体が，回転する粗い円板の中心から距離 L [m] だけ離れた位置に置かれている．円板の角速度を徐々に大きくしていくと，円板の角速度が ω_0 [rad/s] を超えたときに，物体は滑り始めた．重力加速度の大きさを g [m/s^2] とし，物体と共に回転している観測者の立場でつり合いの式を立てて，物体と円板との間の静止摩擦係数を求めなさい．

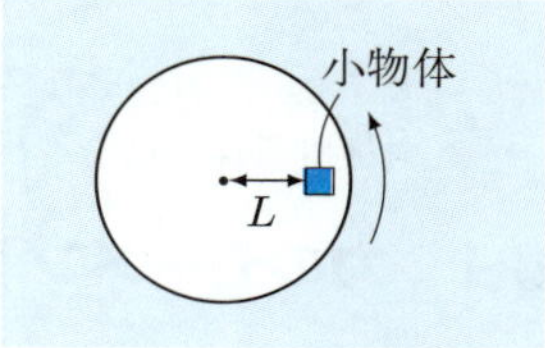

図 7.8　回転する円板

7.8　図 7.9 のようにばね定数 k [N/m] の軽いばねの一端を天井に固定し，他端に質量 m [kg] のおもりを付けて円錐振り子を作った．ばねと鉛直との成す角が θ [rad] となるようにおもりを水平面上で円運動させたとき，ばねの長さは l [m] であった．おもりと共に回転している観測者の立場でつり合いの式を立てて，おもりの円運動の周期を求めなさい．ただし，重力加速度の大きさを g [m/s^2] とする．また，この結果が問題 4.1 と一致することを確かめなさい．

7.9　図 7.10 のように，質量 m [kg] のおもりに同じ長さ l [m] の伸び縮みしない軽い糸 A, B の一端を取り付け，他端を鉛直軸に付けて，角速度 ω [rad/s] で回転させたところ，2 本の糸はたるむことなく，水平と成す角 θ [rad] のままで回転し続けた．おもりと共に等速円運動している観測者の立場でつり合いの式を立てて，このときの糸 A, B がおもりに及ぼす張力の大きさを求めなさい．また，この結果が問題 4.2 と一致することを確かめなさい．ただし，重力加速度の大きさを g [m/s^2] とする．

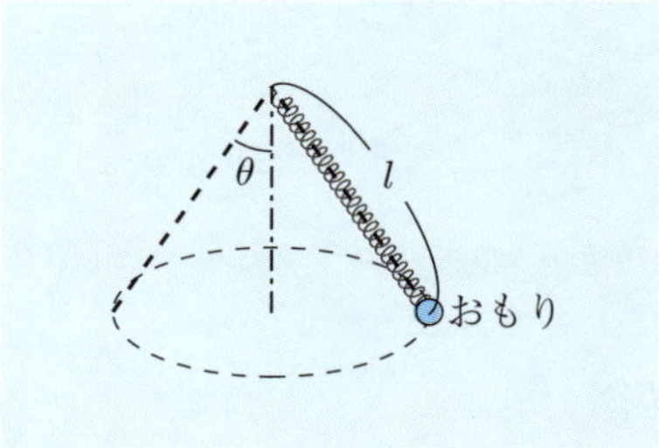

図 7.9　ばねを用いた円錐振り子

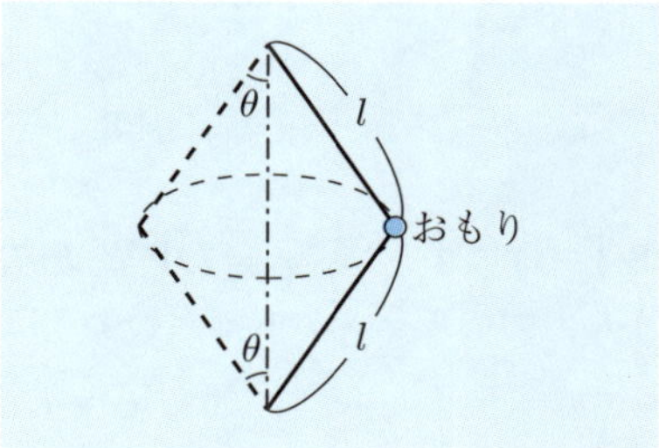

図 7.10　2 本の糸の付いた回転するおもり

第 8 章 力のモーメントと角運動量

この章では，物体の回転運動を扱うために，まず力のモーメントと角運動量を導入しよう．次に，それらの関係を表す回転の方程式を学ぼう．最後に，回転の方程式から角運動量保存則を導出し，角運動量保存則を用いて運動を解析しよう．

8.1 力のモーメントと角運動量

力のモーメント 図 8.1 (a) のように，物体の点 P の位置に力 $\boldsymbol{F}$ [N] が働いたとき，力の大きさ F と，ある点 O から力の作用線に下ろした垂線の長さ（これを**腕の長さ**という）a [m] との積

$$N = Fa \; [\mathrm{N \cdot m}] \tag{8.1}$$

を定義し，これを点 O まわりの**力のモーメント**または**トルク**という．

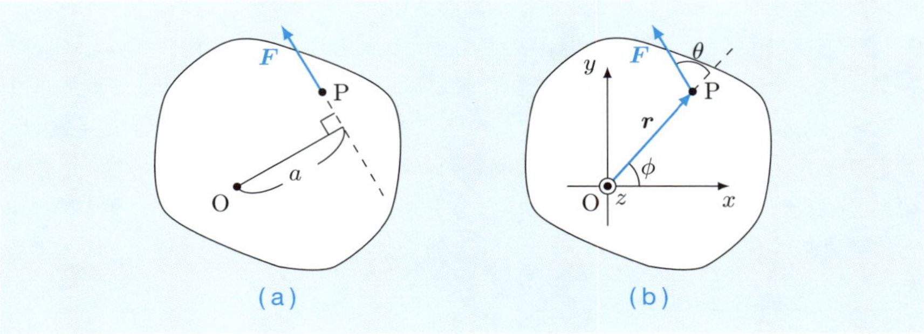

図 8.1　力のモーメント

図 8.1 (b) のように，$\boldsymbol{r} = \overrightarrow{\mathrm{OP}}$ と $\boldsymbol{F}$ の成す角を θ [rad] とすれば，$a = r\sin\theta$ と書けるから，力のモーメントは次のように書くこともできる．

$$N = Fr\sin\theta \; [\mathrm{N \cdot m}] \tag{8.2}$$

点 O を原点とし，O と $\boldsymbol{F}$ [N] を含む面内に x, y 軸，面と垂直に z 軸を取ると，OP が x 軸と成す角を ϕ [rad] とすると $x = r\cos\phi$ [m], $y = r\sin\phi$ [m], $F_x = F\cos(\theta+\phi)$ [N], $F_y = F\sin(\theta+\phi)$ [N] であるから，次式を得る．

$$xF_y - yF_x = Fr\big(\cos\phi\sin(\theta+\phi) - \sin\phi\cos(\theta+\phi)\big)$$

$$= Fr\sin(\theta+\phi-\phi) = Fr\sin\theta \ [\mathrm{N\cdot m}] \tag{8.3}$$

したがって，力のモーメントは次のように書ける．

$$N_z = xF_y - yF_x \ [\mathrm{N\cdot m}] \tag{8.4}$$

ここで，z 軸まわりの回転を考えているので N に添え字 z を付けた．同様に，x 軸，y 軸まわりの力のモーメント $N_x = yF_z - zF_y$, $N_y = zF_x - xF_z$ も考えれば力のモーメントは，外積（がいせき）（100 ページ参照）を用いて次のようにまとめて書くこともできる．

$$\boldsymbol{N} = \boldsymbol{r}\times\boldsymbol{F} \ [\mathrm{N\cdot m}] \tag{8.5}$$

角運動量　質点 P が O から $\boldsymbol{r}$ [m] の位置を運動量 $\boldsymbol{p}$ [kg · m/s] で運動しているとき

$$\begin{cases} L_x = yp_z - zp_y \ [\mathrm{kg\cdot m^2/s}] \\ L_y = zp_x - xp_z \ [\mathrm{kg\cdot m^2/s}] \\ L_z = xp_y - yp_x \ [\mathrm{kg\cdot m^2/s}] \end{cases} \tag{8.6}$$

を点 O まわりの**角運動量**（かくうんどうりょう）という．角運動量は外積を用いて次のように書くこともできる．

$$\boldsymbol{L} = \boldsymbol{r}\times\boldsymbol{p} \ [\mathrm{kg\cdot m^2/s}] \tag{8.7}$$

$\boldsymbol{r}$ と $\boldsymbol{p}$ のなす角を θ とすれば，角運動量は次のように書くこともできる．

$$\boldsymbol{L} = rp(\sin\theta)\boldsymbol{e}$$

ここで，$\boldsymbol{e}$ は，$\boldsymbol{r}$ と $\boldsymbol{p}$ に垂直な大きさ 1 のベクトル（単位ベクトル）である．

回転の方程式　角運動量の x 成分 L_x [kg · m²/s] を時間 t [s] で微分すると，

$$\frac{dL_x}{dt} = \frac{dy}{dt}p_z + y\frac{dp_z}{dt} - \frac{dz}{dt}p_y - z\frac{dp_y}{dt} \tag{8.8}$$

となる．ここで，運動方程式 $\frac{d\boldsymbol{p}}{dt} = \boldsymbol{F}$ を代入すれば，

$$\frac{dL_x}{dt} = mv_yv_z + yF_z - mv_zv_y - zF_y = yF_z - zF_y = N_x \tag{8.9}$$

を得る．y, z 成分も同様に計算を行い，まとめて書けば次のように書ける．

$$\frac{d\boldsymbol{L}}{dt} = \boldsymbol{N} \tag{8.10}$$

これを回転の方程式という．

回転の方程式を用いて質点に働く力のモーメントを求めよう

難易度 ★☆☆

基本例題メニュー 8.1　回転の方程式

xy 平面上で運動している質量 m [kg] の質点の時刻 t [s] における位置が，g [m/s^2], v_0 [m/s], θ [rad] を定数として，$\boldsymbol{r} = (x, y) = ((v_0 \cos\theta)t, -\frac{gt^2}{2} + (v_0 \sin\theta)t)$ と与えられている．回転の方程式を用いて，質点に働く原点まわりの力のモーメントを求めなさい．

【材料】 Ⓐ 角運動量：$L_z = xp_y - yp_x$，Ⓑ 回転の方程式：$\frac{dL_z}{dt} = N_z$

【レシピと解答】

Step1 質点の速度 $\boldsymbol{v}$ [m/s] を求める．

$$\boldsymbol{v} = \frac{d\boldsymbol{r}}{dt} = \frac{d}{dt}\left((v_0 \cos\theta)t, -\frac{1}{2}gt^2 + (v_0 \sin\theta)t\right)$$
$$= \left((v_0 \cos\theta), -gt + (v_0 \sin\theta)\right) \ \text{[m/s]} \tag{8.11}$$

Step2 質点の角運動量 L_z を求める．

質点は xy 平面上を運動するので，質点の原点まわりの角運動量は z 成分のみ値を持つ．よって，

$$L_z = (v_0 \cos\theta)t \times m\left(-gt + (v_0 \sin\theta)\right)$$
$$- \left(-\frac{1}{2}gt^2 + (v_0 \sin\theta)t\right) \times m(v_0 \cos\theta)$$
$$= -\frac{1}{2}mg(v_0 \cos\theta)t^2 \ \text{[kg} \cdot \text{m}^2\text{/s]} \tag{8.12}$$

Step3 回転の方程式より，原点まわりの力のモーメントを求める．

原点まわりの力のモーメントは，回転の方程式より，

$$N_z = \frac{dL_z}{dt} = -mg(v_0 \cos\theta)t \ \text{[N} \cdot \text{m]} \tag{8.13}$$

この質点の運動は $-y$ 方向に大きさ mg の一定の力が作用している場合の等加速度運動ですから，力のモーメントは次のように，$F_y = -mg$ を定義式に代入しても求めることができ，(8.13) と一致することがわかります．

$$N_z = xF_y - yF_x$$
$$= (v_0 \cos\theta)t \times (-mg) - \left(-\frac{1}{2}gt^2 + (v_0 \sin\theta)\right) \times 0$$
$$= -mg(v_0 \cos\theta)t \ \text{[N} \cdot \text{m]} \tag{8.14}$$

実践例題メニュー 8.2　回転の方程式

質量 m [kg] の質点の時刻 t [s] における位置が，a [m], ω [rad/s], h [m] を定数として，$\boldsymbol{r} = (x, y, z) = (a\cos(\omega t), a\sin(\omega t), h)$ [m] と与えられている．このとき，回転の方程式を用いて，質点に働く原点まわりの力のモーメントを求めなさい．

【材料】

Ⓐ 角運動量：$\boldsymbol{L} = \boldsymbol{r} \times \boldsymbol{p}$,　Ⓑ 回転の方程式：$\frac{d\boldsymbol{L}}{dt} = \boldsymbol{N}$

【レシピと解答】

Step1　質点の速度を求める．

$$\boldsymbol{v} = \frac{d\boldsymbol{r}}{dt} = \text{①} \qquad [\text{m/s}] \tag{8.15}$$

Step2　質点の原点まわりの角運動量を求める．

$$\left.\begin{array}{l} L_x = \text{②} \quad [\text{kg}\cdot\text{m}^2/\text{s}] \\ L_y = \text{③} \quad [\text{kg}\cdot\text{m}^2/\text{s}] \\ L_z = \text{④} \quad [\text{kg}\cdot\text{m}^2/\text{s}] \end{array}\right\} \tag{8.16}$$

Step3　回転の方程式より，質点に働く原点まわりの力のモーメントを求める．

$$\left\{\begin{array}{l} N_x = \dfrac{dL_x}{dt} = \text{⑤} \quad [\text{N}\cdot\text{m}] \\ N_y = \dfrac{dL_y}{dt} = \text{⑥} \quad [\text{N}\cdot\text{m}] \\ N_z = \dfrac{dL_z}{dt} = \text{⑦} \quad \text{N}\cdot\text{m} \end{array}\right. \tag{8.17}$$

この質点の運動は，等速円運動であるから，向心力

$$(-m\omega^2 x, -m\omega^2 y, 0) \ [\text{N}]$$

が働いている．力のモーメントは，これを定義式に代入して求めることができ，(8.17) と一致することが確かめられます．

【実践例題解答】 ① $(-\omega a\sin(\omega t), \omega a\cos(\omega t), 0)$　② $-h\times m\{\omega a\cos(\omega t)\} = -mh\omega x$　③ $h \times m\{-\omega a\sin(\omega t)\} = -mh\omega y$　④ $-a\sin(\omega t) \times m\{-\omega a\sin(\omega t)\} = ma^2\omega$　⑤ $-mh\omega\frac{dx}{dt} = -mh\omega^2 y$　⑥ $mh\omega\frac{dy}{dt} = -mh\omega^2 x$　⑦ 0

問　題

8.1　ある時刻の質点の位置 $\boldsymbol{r}$ [m] と運動量 $\boldsymbol{p}$ [m/s] が次のように与えられるとき，質点の原点 O まわりの角運動量を求めなさい．また，その時刻での質点の位置ベクトルと運動量ベクトルの成す角を θ [rad] とするとき，$\sin\theta$ の値を求めなさい．

$$\boldsymbol{r} = (2.0, 2.0, -1.0)\ \mathrm{m} \tag{8.18}$$

$$\boldsymbol{p} = (3.0, -5.0, -4.0)\ \mathrm{kg \cdot m/s} \tag{8.19}$$

8.2　糸の長さ l [m]，ふれ角 θ [rad] の単振り子の運動方程式

$$\frac{d^2\theta}{dt^2} = -\frac{g}{l}\sin\theta \tag{8.20}$$

を回転の方程式から導きなさい．ここで，g [m/s^2] は重力加速度の大きさである．

8.3　等速直線運動する物体の，任意の点まわりの角運動量は $\boldsymbol{0}$ となることを示しなさい．

外積

2つのベクトル $\boldsymbol{A}$, $\boldsymbol{B}$ の直交座標成分を (A_x, A_y, A_z), (B_x, B_y, B_z)，それらが成す角を θ [rad]（$0 \leqq \theta < \pi$），大きさを A, B とするとき，$\boldsymbol{A}$, $\boldsymbol{B}$ の外積を次のように定義する．

$$\begin{aligned}\boldsymbol{A} \times \boldsymbol{B} &= AB(\sin\theta)\,\boldsymbol{e} \\ &= (A_y B_z - A_z B_y, A_z B_x - A_x B_z, A_x B_y - A_y B_x)\end{aligned} \tag{8.21}$$

ここで，$\boldsymbol{e}$ は，$\boldsymbol{A}$ と $\boldsymbol{B}$ の両方に垂直な単位ベクトル（大きさが1のベクトル）であり，$\boldsymbol{A}$ から $\boldsymbol{B}$ へ θ（$0 \leqq \theta < \pi$）となる方向に回したときに，右ねじが進む向きに取る．

8.2 角運動量保存則

　質点の位置 P と点 O を通る直線に沿った方向にのみ力が働くことを中心力（ちゅうしんりょく）とい
う．物体に点 O を中心とする中心力のみ働いている場合，角運動量は保存する．これ
を角運動量保存則（かくうんどうりょうほぞんそく）という（証明は下を参照）．

⭐ **万有引力の法則**　距離 r [m] だけ離れて置かれた質量 m [kg], M [kg] の 2 つの
質点 A, B 間には引力が働き，その大きさ F は次のように書ける．

$$F = G \frac{Mm}{r^2} \text{ [N]} \tag{8.22}$$

これを，万有引力の法則（ばんゆういんりょく　ほうそく）といい，$G \simeq 6.67 \times 10^{-11}$ N·m^2/kg^2 を万有引力定数（ていすう）と
いう．

　質点 A に比べて B の方が十分に質量が大きい（$m \ll M$）場合を考えると，万有引
力のみが及ぼし合っている質点 A と B の相対運動は，質点 B を中心とする中心力を
受けて，A が運動をしていると考えることができる．

角運動量保存則の証明

　中心力は次のように書くことができる．

$$\boldsymbol{F}(\boldsymbol{r}) = f(r) \frac{\boldsymbol{r}}{r} \text{ [N]} \tag{8.23}$$

ここで，$f(r)$ は力の大きさであり，$\frac{\boldsymbol{r}}{r}$ は $\boldsymbol{r}$ 方向で大きさ 1 のベクトル（単位ベクトル）
である．

　この場合，原点 O まわりの力のモーメント (8.5) は，

$$\boldsymbol{N} = \boldsymbol{r} \times \boldsymbol{F} = \boldsymbol{r} \times f(r) \frac{\boldsymbol{r}}{r} = \boldsymbol{0} \tag{8.24}$$

となる．すなわち，物体に働く力が中心力の場合には点 O まわりの力のモーメントは 0
になる．したがって，

$$\frac{d\boldsymbol{L}}{dt} = \boldsymbol{0} \tag{8.25}$$

であるから，両辺を $t_{始}$ [s] から $t_{終}$ [s] まで t で積分すると

$$\boldsymbol{L}(t_{終}) - \boldsymbol{L}(t_{始}) = 0 \tag{8.26}$$

となる．$t_{始}, t_{終}$ は任意であるから，運動中，物体の角運動量は保存することがわかる．

角運動量保存則を使おう

難易度 ★☆☆

基本例題メニュー 8.3　回転半径を変えた場合の物体の速さの変化

図 8.2 のように，滑らかで水平な台上で質量 m [kg] の小物体が半径 r_0 [m] の円軌道を描いて速さ v_0 [m/s] で等速円運動をしている．台の円運動の中心 O の位置に穴があいており，そこから物体に付けられた伸び縮みしない軽い糸を引いて円運動の半径が自由に変えられるようになっている．糸を引いて，円軌道の半径を $\frac{r_0}{2}$ としたときの物体の速さを求めなさい．

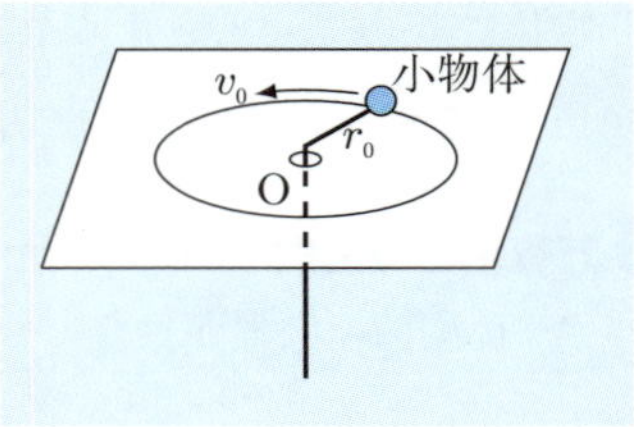

図 8.2　回転半径の変えられる糸の付いた回転する小物体

【材料】

Ⓐ 角運動量（大きさ：$rp\sin\theta$），Ⓑ 角運動量保存則

【レシピと解答】

Step1　はじめの角運動量を求める．

円軌道の場合，位置ベクトルと速度が常に水平面上にあり，それらは互いに垂直な方向であるから，点 O まわりの角運動量は鉛直成分のみになり，その大きさ $L_{前}$ は，

$$L_{前} = r_0(mv_0)\sin 90^\circ = mr_0v_0 \ [\mathrm{kg\cdot m^2/s}] \tag{8.27}$$

Step2　円軌道の半径を $\frac{r_0}{2}$ としたときの速さを v [m/s] として，終わりの角運動量を求める．

点 O まわりの角運動量の大きさ $L_{後}$ は，

$$L_{後} = \frac{r_0}{2}(mv)\sin 90^\circ = m\frac{r_0}{2}v \ [\mathrm{kg\cdot m^2/s}] \tag{8.28}$$

Step3　糸の張力は常に中心を向いているので，いまの場合，質点の点 O まわりの角運動量は保存することを用いて v を求める．

角運動量保存則より $L_{前} = L_{後}$ より

$$mr_0v_0 = m\frac{r_0}{2}v \tag{8.29}$$

であるから，これを v について解けば，$v = 2v_0$ と求まる．

実践例題メニュー 8.4 ケプラーの第 2 法則

図 8.3 のように水星は太陽を焦点とする楕円軌道を描いて運動している．水星が太陽に最も近づく点（近日点）の太陽からの距離は 4.6×10^{10} m であり，太陽に最も遠ざかる点（遠日点）の太陽からの距離は 7.0×10^{10} m である．水星の近日点を通過する速さ $v_{近日点}$ と遠日点を通過する速さ $v_{遠日点}$ の比，$\frac{v_{近日点}}{v_{遠日点}}$ を求めなさい．

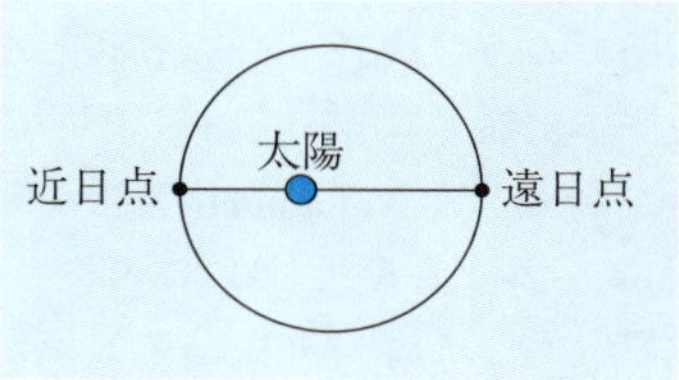

図 8.3 太陽のまわりを回る水星

【材料】

Ⓐ 角運動量（大きさ：$rp\sin\theta$），Ⓑ 角運動量保存則

【レシピと解答】

Step1 太陽から近日点までの距離を $r_{近日点}$ [m] として，近日点での水星の角運動量を求める．

$$L_{近日点} = \boxed{①\qquad} \ [\mathrm{kg \cdot m^2/s}] \tag{8.30}$$

Step2 太陽から遠日点までの距離を $r_{遠日点}$ [m] として，近日点での水星の角運動量を求める．

$$L_{遠日点} = \boxed{②\qquad} \ [\mathrm{kg \cdot m^2/s}] \tag{8.31}$$

Step3 太陽は水星に比べて十分に質量が大きいので，水星の太陽まわりの角運動量は保存すると考えられる．このことを用いて，水星の近日点を通過する速さ $v_{近日点}$ と遠日点を通過する速さ $v_{遠日点}$ の比，$\frac{v_{近日点}}{v_{遠日点}}$ を求める．

$$\frac{v_{近日点}}{v_{遠日点}} = \boxed{③\qquad} \tag{8.32}$$

中心力と面積速度

ある点と運動する質点を結ぶ動径が単位時間当たりに描く面積を**面積速度**という．質点の質量を m [kg] とすれば，（角運動量）$= 2m \times$（面積速度）と書ける．太陽のまわりを回る惑星は，太陽を中心とする中心力を受けて運動するので，角運動量保存則より，面積速度が一定になるといえる．これを**ケプラーの第 2 法則**という．

【実践例題解答】 ① $r_{近日点}v_{近日点}$ ② $r_{遠日点}v_{遠日点}$ ③ $\frac{r_{遠日点}}{r_{近日点}} = \frac{7.0\times10^{10}}{4.6\times10^{10}} = 1.52$

問　題

8.4　回転の方程式 (8.10) の右辺と左辺の単位が等しいことを確かめなさい．

8.5　基本例題メニュー 8.3 において，糸をゆっくりと引いて円軌道の半径を r_0 [m] から $\frac{r_0}{2}$ としたときに物体の得た運動エネルギーは，糸を引いた力のした仕事と一致していることを示しなさい．

8.6　原点 O に質量 M [kg] の質点があるとき，そこから距離 r [m] だけ離れた位置にある質量 m [kg] の質点の持つポテンシャルエネルギーは，無限遠を基準とするとき次式で与えられることを示しなさい．

$$U(r) = -G\frac{Mm}{r} \text{ [J]} \tag{8.33}$$

ここで，G $[\mathrm{N \cdot m^2/kg^2}]$ は万有引力定数である．

8.7　太陽のまわりを惑星が楕円軌道を描いて運動している．太陽の質量を M [kg]，惑星の質量を m [kg] とし，太陽から近日点までの距離を r_1 [m]，遠日点までの距離を r_2 [m] とするとき，惑星の近日点での速さと，遠日点の速さを求めなさい．ただし，万有引力定数を G $[\mathrm{N \cdot m^2/kg^2}]$ とする．

8.8　太陽のまわりを回る惑星の軌道を円運動と近似して，惑星の周期 T [s] と円運動の半径 a [m] との関係が次式で与えられることを示しなさい．

$$\frac{a^3}{T^2} = \frac{GM}{4\pi^2} \tag{8.34}$$

ただし，M [kg] は太陽の質量，G $[\mathrm{N \cdot m^2/kg^2}]$ は万有引力定数である．これは**ケプラーの第 3 法則**という．

ケプラーの法則

ケプラーは観測結果から，惑星の運動に関して次の 3 つの法則を発見した．これを**ケプラーの法則**という．

- 第 1 法則：惑星は，太陽を 1 つの焦点とする楕円軌道上を運動している．
- 第 2 法則：惑星と太陽とを結ぶ線分が単位時間に描く面積は一定である．
- 第 3 法則：惑星が太陽のまわりを 1 周する時間（公転周期）の 2 乗は，楕円軌道の長半径の 3 乗に比例する．

第9章 剛体の力学

いままで，物体が十分に小さく，その大きさが無視できる場合を考えてきた．ここでは，物体の大きさが無視できない場合の運動の解析方法を学ぼう．

9.1 力のモーメントのつり合い

剛　体　外力を加えても変形しない，大きさの無視できない物体を**剛体**（ごうたい）という．この章では剛体を取り扱う．

> 剛体は大きさを持つので，働く力の作用点の位置に注意しましょう．

力のモーメントのつり合い　1つの物体に2つ以上の力が同時に働いていて，その力のモーメントの総和が0であるとき，力のモーメントはつり合っているという．物体が回転していないならば，任意の点まわりの力のモーメントはつり合っている．

大きさの無視できない物体のつり合いを考えるときには，力のつり合いの他に，力のモーメントのつり合いを考える必要がある．

重　心　物体に重力のみが働いている場合に，ある点で物体を支えたときに物体が回転しないならば，この点を**重心**（じゅうしん）という．物体の運動を考えるときには，物体をその重心に全質量が集まった点とみなした質点を考えればよい．

重心の考え方が重要なのは，重心に物体の質量が集中していると考えることで，複雑な形状の物体の運動を大幅に簡略化できるからである．

物体を N 個（$i = 1, 2, \ldots, N$）の微小部分に分けて考えよう．i 番目の部分の質量を m_i [kg]，位置座標を $\boldsymbol{r}_i = (x_i, y_i, z_i)$ [m] とすると，物体の重心 $\boldsymbol{r}_\mathrm{G} = (x_\mathrm{G}, y_\mathrm{G}, z_\mathrm{G})$ [m] は次のように定義される．

$$\boldsymbol{r}_\mathrm{G} = \frac{m_1\boldsymbol{r}_1 + m_2\boldsymbol{r}_2 + \cdots + m_N\boldsymbol{r}_N}{m_1 + m_2 + \cdots + m_N}\ [\mathrm{m}] \tag{9.1}$$

剛体のつり合いの条件を使おう

難易度 ★★☆

基本例題メニュー 9.1 壁に立てかけた棒

図 9.1 のように，滑らかな鉛直壁と粗くて水平な床面との間に，質量 M [kg]，長さ L [m] の一様な棒を立てかける．棒が床面と成す角を θ [rad] として，棒が滑らない条件を求めなさい．ただし，棒と床面との間の静止摩擦係数を μ とし，重力加速度の大きさを g [m/s^2] とする．

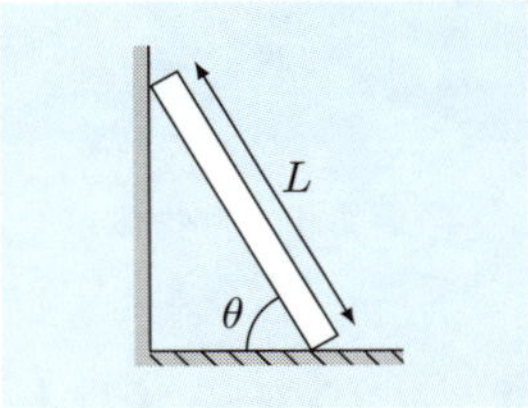

図 9.1 壁に立てかけた棒

【材料】

Ⓐ 重力（大きさ：Mg），Ⓑ 垂直抗力（大きさ：N），Ⓒ 最大静止摩擦力（大きさ：μN），Ⓓ 力のつり合い，Ⓔ 力のモーメントのつり合い

【レシピと解答】

Step1 棒に働く力を見つける．

図 9.2 のように，棒に働く力は，壁からの垂直抗力（大きさ：$N_{壁}$），床からの垂直抗力（大きさ：$N_{床}$）と摩擦力（大きさ：$F_{摩擦}$），重力（大きさ：mg）である．

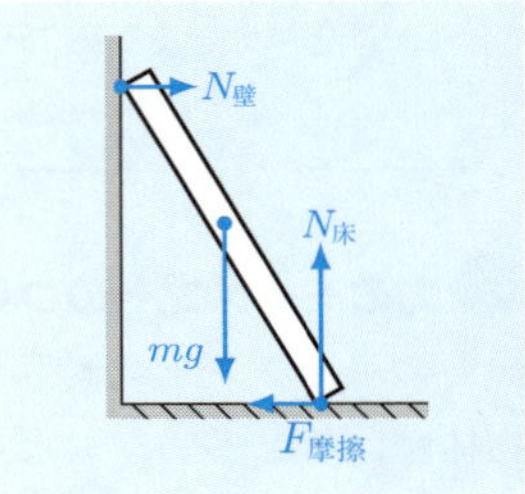

図 9.2 壁に立てかけた棒に働く力

Step2 棒に働く力のつり合いの式を立てる．

$$\begin{cases} \text{水平成分：} \quad N_{壁} - F_{摩擦} = 0 \\ \text{鉛直成分：} \quad N_{床} - mg = 0 \end{cases} \tag{9.2}$$

Step3 棒が床面と接する点まわりの力のモーメントのつり合いの式を立てる．

棒が一様であるので，棒の重心は棒の中心にある．これより，棒が床面と接する点から $\frac{L}{2}$ の位置に重力が働くと考えることができる．よって，

$$mg \times \frac{L}{2}\cos\theta - N_{壁} \times L\sin\theta = 0 \tag{9.3}$$

Step4 力のつり合いの式と，力のモーメントのつり合いの式を用いて，滑らない条件 $F_{摩擦} < \mu N_{床}$ より，θ の条件を求める．

$$F_{摩擦} = N_{壁} = \frac{mg}{2\tan\theta} \text{ [N]} \tag{9.4}$$

$$N_{床} = mg \text{ [N]}$$

より，次の条件式を得る．

$$\tan\theta > \frac{1}{2\mu} \tag{9.5}$$

実践例題メニュー 9.2　糸で支えられた棒のつり合い

図 9.3 のように質量 M [kg]，長さ L [m] の一様な棒 AB の一端 A を滑らかなちょうつがいで鉛直な壁に取り付け，棒の他端 B に取り付けた伸び縮みしない軽い糸で，棒が水平になるように固定した．このとき，糸が壁と成す角は θ [rad] であった．棒が A において受ける力の大きさを求めなさい．

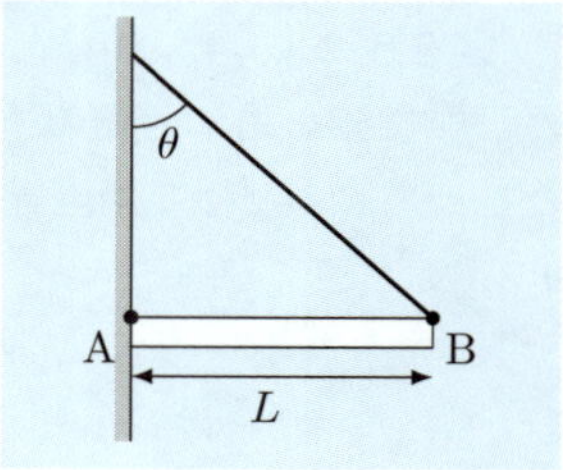

図 9.3　糸で支えられた棒

【材料】

Ⓐ 重力（大きさ：Mg），Ⓑ 糸の張力，Ⓒ 垂直抗力，Ⓓ 摩擦力，Ⓔ 力のつり合い，Ⓕ 力のモーメントのつり合い

【レシピと解答】

Step1　棒に働く力を見つける．

図 9.4 のように，棒に働く力は，点 A において棒に働く力（垂直な成分の大きさを N [N]，平行な成分の大きさを F [N] とする），点 B における糸の張力（大きさを T [N] とする）と重力である．

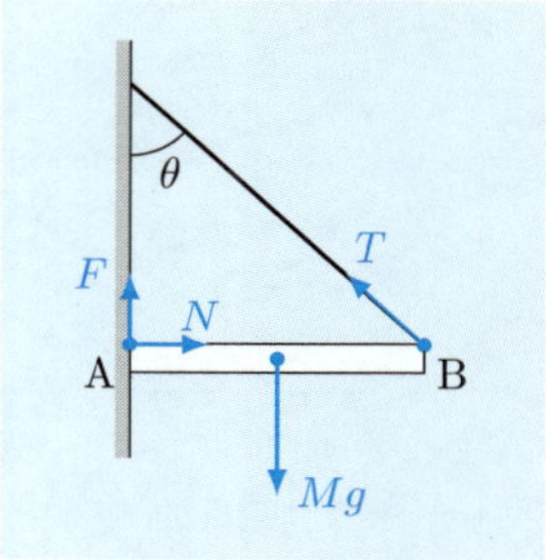

図 9.4　糸で支えられた棒

Step2　棒が A において受ける力の壁に，力のつり合いの式を立てる．

水平成分：① ＿＿＿＿ $= 0$

鉛直成分：② ＿＿＿＿ $= 0$　(9.6)

Step3　点 A まわりの力のモーメントのつり合いの式を立てる．

③ ＿＿＿＿ $= 0$　(9.7)

Step4　力のつり合いの式と力のモーメントの式を連立させて F と N の値を求める．

$N =$ ④ ＿＿＿＿ [N]，　$F =$ ⑤ ＿＿＿＿ [N]　(9.8)

【実践例題解答】　① $N - T\cos\theta$　② $F + T\sin\theta - Mg$　③ $LT\sin\theta - \frac{L}{2}Mg$　④ $\frac{Mg}{2\tan\theta}$　⑤ $\frac{Mg}{2}$

問　題

9.1　図 9.5 のように，伸び縮みしない軽い糸の一端を天井に固定し，他端に質量 m [kg] の一様な棒を吊す．棒の下端を水平方向に大きさ F [N] の力で引いて静止させるとき，糸および棒が鉛直線と成す角を求めなさい．ただし，重力加速度の大きさを g [m/s^2] とする．

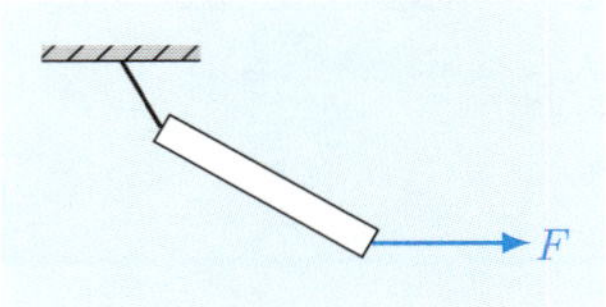

図 9.5　糸で吊された棒

9.2　図 9.6 のように粗い板上に高さ a [m]，幅 b [m] の直方体の物体を置く．板の水平面と成す角 θ [rad] を徐々に大きくしていくと，$\theta = \theta_0$ [rad] を超えたときに，物体は滑ることなく，点 P まわりに回転した．θ_0 の条件を求めなさい．

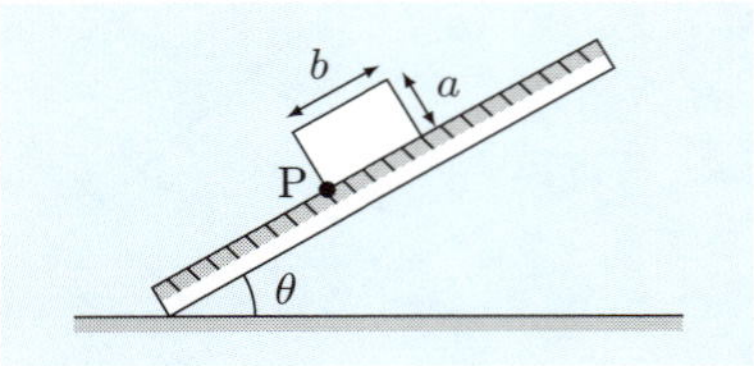

図 9.6　粗い板上に置かれた直方体の物体

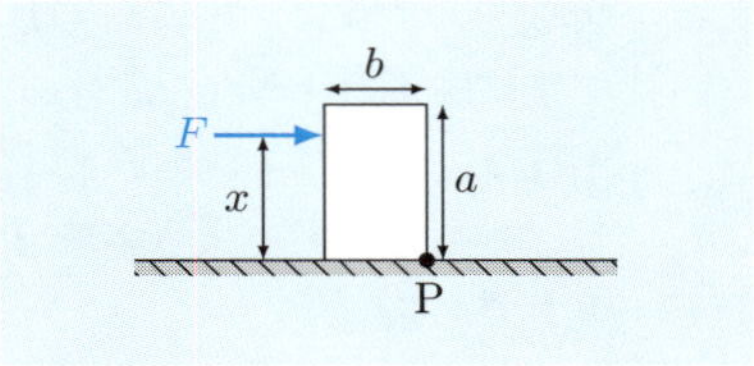

図 9.7　粗い水平面上に置かれた直方体の物体

9.3　図 9.7 のように粗い水平面上に，高さ a [m]，幅 b [m] の直方体の物体を置き，側面の高さ x [m] の位置に水平方向，大きさ F [N] の力を加えたところ物体は滑ることなく，点 P まわりに回転した．このときの，x の満たす条件を求めなさい．ただし，物体と水平面との間の静止摩擦係数を μ とする．

9.4　鉛直上向きの力を加えて，水平な床面上に置かれた長さ L [m] の棒 AB の一端 A をゆっくりと持ち上げるには大きさ F_{A} [N] の力，他端 B をゆっくりと持ち上げるには大きさ F_{B} [N] の力を要した．このことから，棒の重量（棒に働く重力の大きさ）と重心の位置を求めなさい．

9.5　直線線路を大きさ a_0 [m/s^2] の一定の加速度で等加速度直線運動をしている電車の進行方向と逆側の滑らかな壁に，質量 M [kg]，長さ L [m] の一様な棒を立てかける．棒が床面と成す角を θ [rad] として，棒が滑らない条件を求めなさい．ただし，棒と床面との間の静止摩擦係数を μ とし，重力加速度の大きさを g [m/s^2] とする．

9.2　剛体の回転運動

剛体の回転軸を z 軸とする．角運動量と力のモーメントの z 成分を，それぞれ，L_z [kg・m^2/s], N_z [N・m] とすれば，回転の方程式の z 成分は，次のように書けた（8.1 節参照）．

$$\frac{dL_z}{dt} = N_z \tag{9.9}$$

剛体を微小部分に分けて考えると，どの微小部分も z 軸まわりに角速度 ω [rad/s] で回転しているから，$v_{iy} = x_i\omega$, $v_{ix} = -y_i\omega$ と書ける．これより，角運動量は

$$L_z = \sum m_i(x_i v_{iy} - y_i v_{ix}) = \omega \sum m_i({x_i}^2 + {y_i}^2) = \omega I \tag{9.10}$$

と書き変えられる．ここで，

$$I = \sum_i m_i({x_i}^2 + {y_i}^2) \tag{9.11}$$

を**慣性**（かんせい）**モーメント**という．

慣性モーメントの値は，剛体の質量分布のみで決まり，時間に依存しないので，回転の方程式は，

$$I\frac{d\omega}{dt} = N_z \tag{9.12}$$

と書き変えられる．

剛体の慣性モーメントは，軸の位置や方向が異なると，異なる値を取る．それらの間の関係として，次の 2 つの定理が知られている．

- **平行軸の定理**：任意の回転軸 L まわりの剛体の慣性モーメント I [kg・m^2] は，剛体の重心 G を通り，L と平行な軸 $\mathrm{L_G}$ まわりの慣性モーメントを I_G [kg・m^2], L と $\mathrm{L_G}$ の間の距離を h [m] とし，剛体の質量を M [kg] とすれば，次のように書ける．

$$I = I_\mathrm{G} + Mh^2 \tag{9.13}$$

  これを**平行軸**（へいこうじく）**の定理**という．

- **直交軸の定理**：板状の剛体が xy 平面上にあり，x, y, z 軸まわりの慣性モーメントを，それぞれ，I_x [kg・m^2], I_y [kg・m^2], I_z [kg・m^2] としたとき，次の関係が成り立つ．

$$I_z = I_x + I_y \tag{9.14}$$

  これを**直交軸**（ちょっこうじく）**の定理**という．

代表的な形の慣性モーメント　代表的な形の中心を通る軸まわりの慣性モーメントを表 9.1 にまとめておく.

表 9.1　代表的な形の慣性モーメント

形	寸法	慣性モーメント
一様な細い棒	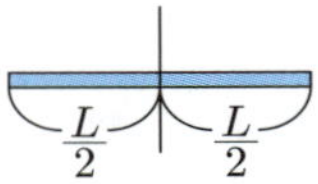	$I=\frac{1}{12}ML^2$
円環	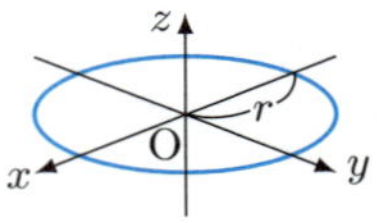	$I_x=I_y=\frac{1}{2}Mr^2,\ I_z=Mr^2$
円板	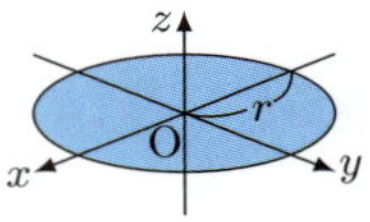	$I_x=I_y=\frac{1}{4}Mr^2,\ I_z=\frac{1}{2}Mr^2$
球	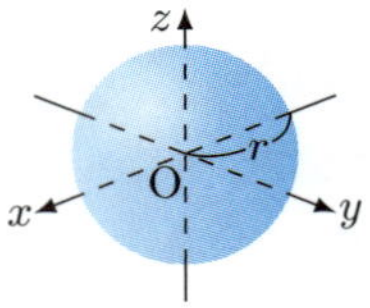	$I_x=I_y=I_z=\frac{2}{5}Mr^2$
球殻	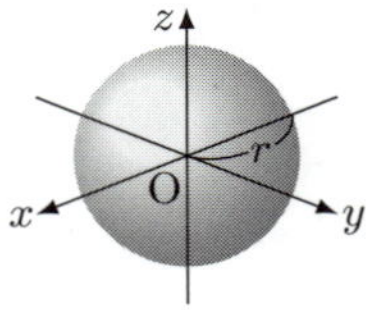	$I_x=I_y=I_z=\frac{2}{3}Mr^2$
円柱	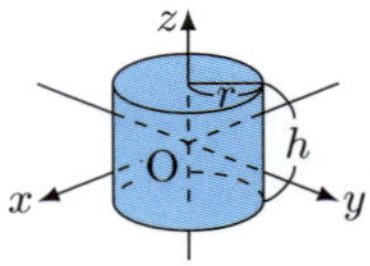	$I_x=I_y=M\left(\frac{r^2}{4}+\frac{h^2}{12}\right),$ $I_z=\frac{1}{2}Mr^2$

慣性モーメントを求めよう

難易度★☆☆

基本例題メニュー 9.3 円板の慣性モーメント

質量 m [kg]，半径 a [m] の一様な円板がある．円板の中心 O を通り，板に垂直な軸（これを z 軸とする）まわりの慣性モーメント I_z [kg·m^2] を求めなさい．

【材料】

Ⓐ（面密度）$=\frac{(\text{質量})}{(\text{面積})}$，Ⓑ 半径 a の円板の面積：πa^2，Ⓒ 慣性モーメントの定義

【レシピと解答】

Step1 面密度を求める．

円板の面積は πa^2 [m^2] であるから，円板の面密度は $\frac{m}{\pi a^2}$ [kg/m^2] である．

Step2 円板を円環の集まりだと考え，図 9.8 のような中心から距離 r の位置にある幅 dr の円環の質量を求める．

この円環の質量は

$$2\pi r\,dr \times \frac{m}{\pi a^2} = \frac{2mr\,dr}{a^2} \text{ [kg]}$$

となる．

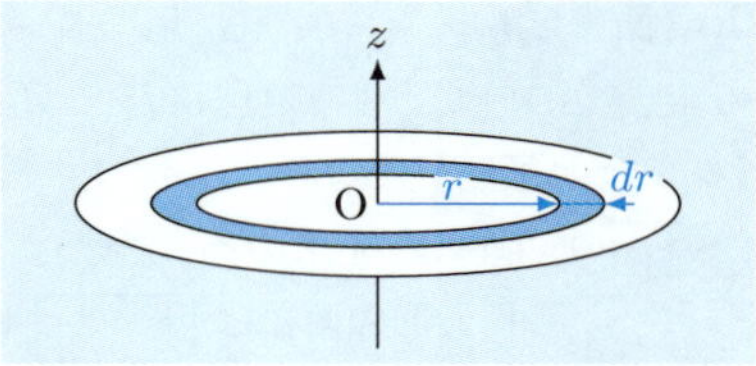

図 9.8 円板の慣性モーメント

Step3 慣性モーメント I_z を求める．

慣性モーメントの定義より，

$$I_z = \frac{2m}{a^2}\int_0^a r^2 \times r\,dr = \frac{2m}{a^2}\left[\frac{r^4}{4}\right]_0^a = \frac{ma^2}{2} \text{ [kg·m}^2\text{]} \qquad (9.15)$$

を得る．

円板の中心を通り，円板に平行な軸まわりの慣性モーメントは直交軸の定理より求めることができます．円板の中心を通り，円板に平行で互いに直交するように x 軸，y 軸を取ると，$I_x = I_y$ ですから，直交軸の定理より，

$$I_x = I_y = \frac{I_z}{2} = \frac{ma^2}{4} \text{ [kg·m}^2\text{]}$$

と求まります．

実践例題メニュー 9.4　　**長方形の板の慣性モーメント**

質量 M [kg]，辺の長さが a [m]，b [m] の一様な長方形の板がある．図 9.9 のように長方形の板の中心を原点とし，原点を通り，各辺に平行な方向を x, y 軸，それと垂直な方向を z 軸とするとき，各軸まわりの慣性モーメントを求めなさい．

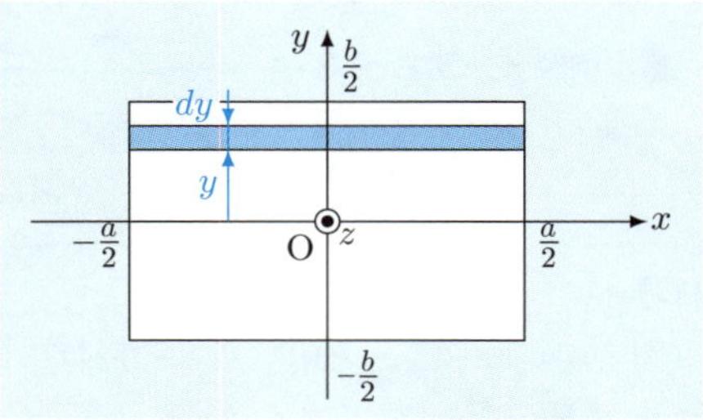

図 9.9　長方形の慣性モーメント

【材料】

Ⓐ（面密度）$= \frac{(質量)}{(面積)}$，Ⓑ 辺の長さが a, b の長方形の面積：ab，Ⓒ 慣性モーメントの定義，Ⓓ 直交軸の定理：$I_z = I_x + I_y$

【レシピと解答】

Step1　面密度を求める．

長方形の面積は ① ＿＿ [m^2] であるから，長方形の面密度は ② ＿＿ [kg/m^2] である．

Step2　長方形を短冊の集まりだと考え，図 9.9 のような x 軸から y だけ離れた位置にある幅 dy の短冊の質量を求める．

この短冊の質量は，③ ＿＿ [kg] となる．

Step3　x 軸まわりの慣性モーメント I_x を求める．

$$I_x = \text{④ ＿＿} \quad [\mathrm{kg \cdot m^2}] \tag{9.16}$$

Step4　同様の計算を行い y 軸まわりの慣性モーメント I_y を求める．

$$I_y = \text{⑤ ＿＿} \quad [\mathrm{kg \cdot m^2}] \tag{9.17}$$

Step5　直交軸の定理より I_z を求める．

$$I_z = I_x + I_y = \text{⑥ ＿＿} \quad [\mathrm{kg \cdot m^2}] \tag{9.18}$$

【実践例題解答】　① ab　② $\frac{M}{ab}$　③ $\frac{M}{ab} \times a \times dy = \frac{M\,dy}{b}$　④ $\int_{-\frac{b}{2}}^{\frac{b}{2}} y^2 \frac{M}{b}\,dy = \frac{mb^2}{12}$　⑤ $\frac{ma^2}{12}$　⑥ $\frac{m(a^2+b^2)}{12}$

剛体の運動を調べよう

難易度★★★

基本例題メニュー 9.5　ボルダの振り子

長さ l [m] の軽い棒の一端に半径 R [m]，質量 m [kg] の球状のおもりを付け，他端を軸として振れ角 θ [rad] で振動させる．この振り子の周期を求めなさい．ただし，重力加速度の大きさを g [m/s^2] とし，振れ角 θ は十分に小さいとし，$\sin\theta \simeq \theta$ と近似できるとする．

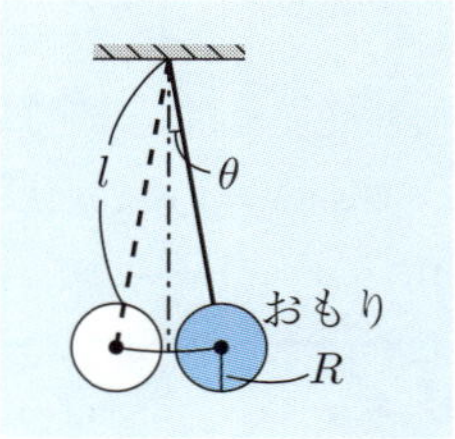

図 9.10　ボルダの振り子

【材料】

Ⓐ 球の重心を通る軸まわりの慣性モーメント：$I_{\mathrm{G}} = \frac{2}{5}MR^2$，Ⓑ 平行軸の定理：$I = I_{\mathrm{G}} + Mh^2$，Ⓒ 回転の方程式：$I\left(\frac{d^2\theta}{dt^2}\right) = N$

【レシピと解答】

Step1　回転軸まわりの慣性モーメントを求める．

$$I = \frac{2}{5}MR^2 + M(l+R)^2$$

$$= M\left\{\frac{2}{5}R^2 + (l+R)^2\right\} \ [\mathrm{kg \cdot m^2}] \qquad (9.19)$$

Step2　回転軸まわりの力のモーメントを求める．

$$N = -(l+R)Mg\sin\theta \ [\mathrm{N \cdot m}] \qquad (9.20)$$

Step3　回転の方程式を立てる．

$$M\left\{\frac{2}{5}R^2 + (l+R)^2\right\}\frac{d^2\theta}{dt^2} = -(l+R)Mg\sin\theta$$

$$\simeq -(l+R)Mg\theta \qquad (9.21)$$

Step4　(9.21) より，周期を求める．

$$T = 2\pi\sqrt{\left\{\frac{2}{5}R^2 + (l+R)^2\right\} \times \frac{1}{(l+R)g}}$$

$$= 2\pi\sqrt{\frac{1}{g}\left\{\frac{2}{5}\left(\frac{R^2}{l+R}\right) + (l+R)\right\}} \ [\mathrm{s}] \qquad (9.22)$$

球が小さい（球の半径 R が無視できる）とき，$T = 2\pi\sqrt{\frac{l}{g}}$ [s] となり，問題 4.8 の結果と一致する．

実践例題メニュー 9.6 滑車の質量が無視できない場合のアドウッドの器械

質量 m_{A} [kg] の物体 A と質量 m_{B} [kg]（$m_{\mathrm{A}} < m_{\mathrm{B}}$）の物体 B を伸び縮みしない軽い糸で結び，滑らかに回転する半径 R [m]，質量 M [kg] の円板状の滑車に掛けて静かに放すと，物体 A は上向きに，物体 B は下向きに，同じ大きさの加速度で等加速度直線運動をした．物体 A, B に働く糸の張力の大きさ，および，物体 A, B の加速度の大きさを求めなさい．ただし，重力加速度の大きさを g [m/s^2] とする．

【材料】

Ⓐ 重力（大きさ：mg），Ⓑ 糸の張力，Ⓒ 運動方程式：$m\boldsymbol{a} = \boldsymbol{F}$，Ⓓ 回転の方程式：$I\left(\frac{d^2\theta}{dt^2}\right) = N$，Ⓔ 円板の慣性モーメント：$\frac{1}{2}MR^2$

【レシピと解答】

Step1 座標軸を決める．

物体 A については，はじめの位置を原点に鉛直上向きを，物体 B については，はじめの位置を原点に鉛直下向きを x 軸とする．

Step2 物体 A に働く糸の張力の大きさを T_1 [N]，物体 B に働く糸の張力の大きさを T_2 [N] として，物体 A と物体 B の運動方程式を立てる．

$$\begin{cases} \text{物体 A：} & m_{\mathrm{A}} a_x = \boxed{①\qquad} \\ \text{物体 B：} & m_{\mathrm{B}} a_x = \boxed{②\qquad} \end{cases} \quad \text{（運動方程式）} \tag{9.23}$$

Step3 回転の方程式を立てる．

$$\boxed{③\qquad} \cdot \frac{d^2\theta}{dt} = \boxed{④\qquad} \quad \text{（回転の方程式）} \tag{9.24}$$

Step4 (9.23), (9.24) を連立して，T_1, T_2, a_x について解く．

$$T_1 = \boxed{⑤\qquad} \ \text{[N]} \tag{9.25}$$

$$T_2 = \boxed{⑥\qquad} \ \text{[N]} \tag{9.26}$$

$$a_x = \boxed{⑦\qquad} \ [\text{m/s}^2] \tag{9.27}$$

滑車が軽い（$M = 0$）ならば，この結果は実践例題メニュー 3.6 のものと一致する．

【実践例題解答】 ① $m_{\mathrm{A}}g - T_1$　② $-m_{\mathrm{B}}g + T_2$　③ $\frac{1}{2}MR^2$　④ $T_1R - T_2R$
⑤ $\frac{(M+4m_{\mathrm{B}})m_{\mathrm{A}}g}{M+2(m_{\mathrm{A}}+m_{\mathrm{B}})}$　⑥ $\frac{(M+4m_{\mathrm{A}})m_{\mathrm{B}}g}{M+2(m_{\mathrm{A}}+m_{\mathrm{B}})}$　⑦ $\frac{2(m_{\mathrm{B}}-m_{\mathrm{A}})g}{M+2(m_{\mathrm{A}}+m_{\mathrm{B}})}$

問　題

9.6　長さ L [m]，質量 M [kg] の細い一様な棒がある．棒の中心を通り，棒に垂直な軸まわりの慣性モーメントが $\frac{ML^2}{12}$ [kg・m^2] であることを示しなさい．

9.7　底面の半径が a [m]，高さが b [m]，質量 M [kg] の一様な円柱がある．円柱の軸まわりの慣性モーメントが $\frac{Ma^2}{2}$ となることを示しなさい．

9.8　3 辺の長さが a, b, c [m]，質量 M [kg] の立方体の中心を通り，各辺に平行な軸まわりの慣性モーメントを求めなさい．

9.9　図 9.11 のように，水平面と成す角 θ [rad] の斜面上に質量 M [kg]，半径 a [m] の一様な円板を静かに立てて置き，時刻 $t = 0$ で静かに放したところ，円板は滑ることなく転がっていった．この円板の加速度と円板に働く摩擦力の大きさを求めなさい．ただし，重力加速度の大きさ g [m/s^2] とする．

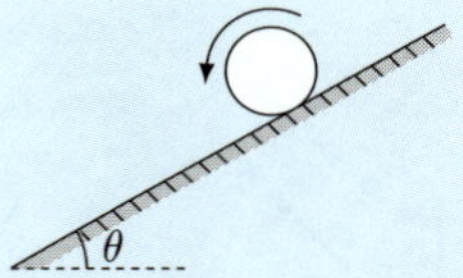

図 9.11　斜面を転がる円板の運動

9.10　図 9.12 のように，半径 a [m]，質量 M [kg] の一様な円板に伸び縮みしない軽い糸を巻き付け，その一端を天井に固定する．この円板を時刻 $t = 0$ で静かに放して落下させたときの円板の加速度と円板に働く糸の張力の大きさを求めなさい．ただし，円板の重心が鉛直線に沿って運動するものとし，重力加速度の大きさを g [m/s^2] とする（これはヨーヨーのモデルである）．

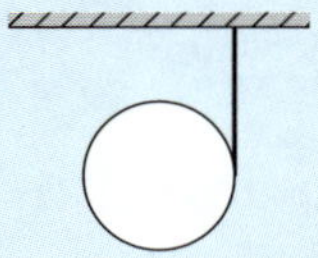

図 9.12　ヨーヨー

9.11　半径 a [m] の円筒面の内側に，半径 b [m]，質量 M [kg] の一様な球を最下点からわずかにずらした位置に静かに置き，時刻 $t = 0$ で静かに放したところ，球は滑ることなく振動した．このときの球の振動の周期を求めなさい．ただし，重力加速度の大きさ g [m/s^2] とする．

問題解答

第 1 章

1.1 図の通り．

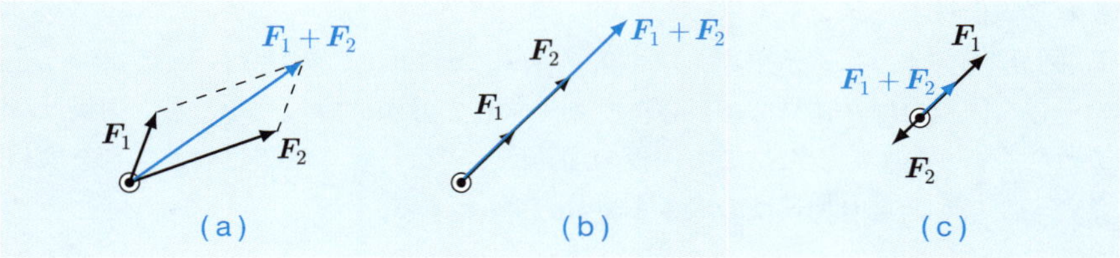

1.2 図の通り．

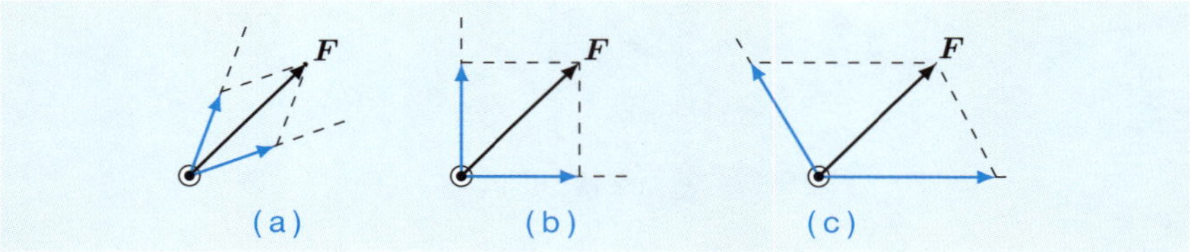

1.3 Step1 求める 2 つの分力と，その分力を 2 辺とする平行四辺形を描く．

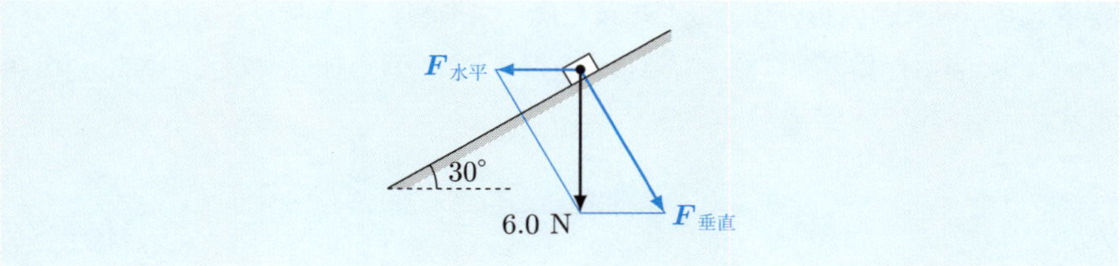

Step2 それぞれの三角形に注目して，力の斜面に垂直な成分の大きさ $F_{垂直}$ と水平成分の大きさ $F_{水平}$ を求める．

$$F_{垂直} = 6.0 \times \frac{2}{\sqrt{3}} = 4.0\sqrt{3} = 6.9\not{2}\ \mathrm{N}, \quad F_{水平} = 6.0 \times \frac{1}{\sqrt{3}} = 2.0\sqrt{3} = 3.4\overset{5}{\not{6}}\ \mathrm{N}$$

実践例題メニュー 1.2 と比べるとわかるように，分解の仕方によって，斜面に垂直な成分の値も変わることに注意しましょう．

1.4

(a)　ない．ベクトル $\boldsymbol{A} = (A_x, A_y, A_z)$ の大きさは $A = \sqrt{{A_x}^2 + {A_y}^2 + {A_z}^2}$ と表せる．したがって，2つのベクトルを足したとき，その和が $\mathbf{0}$ になるのは，その2つのベクトルが大きさが同じで逆向きのときだけである．

(b)　ある．3つのうちの2つのベクトルの和が，残りの1つのベクトルと大きさが同じで逆向きのときは，上で述べた，「2つのベクトルが大きさが同じで逆向きのとき」になるので，3つのベクトルの和は $\mathbf{0}$ になる．

(c)　いえない．合力 $\boldsymbol{F}_1 + \boldsymbol{F}_2$ の大きさは，$\boldsymbol{F}_1$ と $\boldsymbol{F}_2$ とが平行の場合に一番大きくなり，その大きさは $F_1 + F_2$ になる．$\boldsymbol{F}_1$ と $\boldsymbol{F}_2$ が反平行の場合に一番小さくなり，その大きさは $|F_1 - F_2|$ になる．F_1 や F_2 の値によっては，$|F_1 - F_2|$ が F_1 や F_2 よりも小さくなることがある．

1.5　Step1 物体に働く力を見つける．物体に働く力は，糸の張力 $\boldsymbol{T}$ [N]，斜面からの垂直抗力 $\boldsymbol{N}$ [N]，大きさ mg の重力である．　Step2 力のつり合いの式を立てる．力のつり合いの式は，

$$\begin{cases} \text{斜面に平行な成分}: mg\sin\theta - T\cos 30^\circ = 0 \\ \text{斜面に垂直な成分}: mg\cos\theta - N - T\sin 30^\circ = 0 \end{cases}$$

Step3 力のつり合いの式より，糸の張力の大きさ T と垂直抗力の大きさ N を求める．

$$T = \frac{2\sqrt{3}}{3}mg\sin\theta \text{ [N]},\quad N = mg\left(\cos\theta - \frac{\sqrt{3}}{3}\sin\theta\right) \text{ [N]}$$

1.6　Step1 おもりに働く力を見つける．図のようにおもりに働く力は，大きさ $\sqrt{3}\,mg$ の力，糸の張力 $\boldsymbol{T}$ [N]，大きさ mg の重力である．　Step2 力のつり合いより，ひもが水平と成す角 θ [°] を求める．力のつり合いの式は，

$$\begin{cases} \text{鉛直成分}: T\sin\theta - mg = 0 \\ \text{水平成分}: T\cos\theta - \sqrt{3}\,mg = 0 \end{cases}$$

これより，$\tan\theta = \frac{1}{\sqrt{3}}$ と求まり，$\theta = 30^\circ$ を得る．

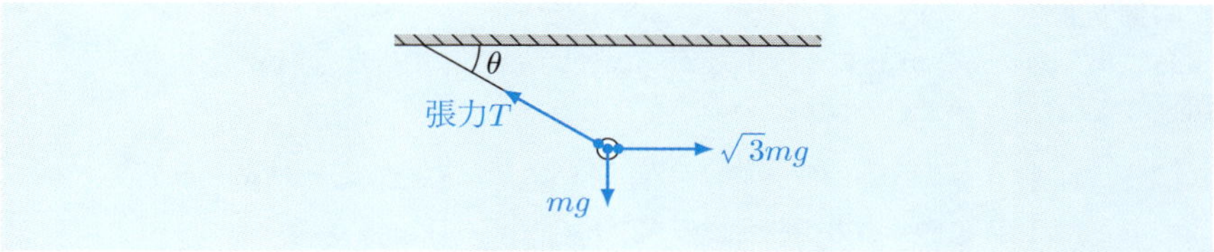

1.7　Step1 物体に働く力を見つける．物体に働く力は，垂直抗力 $\boldsymbol{N}$ [N]，摩擦力 $\boldsymbol{F}_{\text{摩擦}}$ [N]，重力である．　Step2 物体の質量を m [kg]，重力加速度の大きさを g [m/s^2]，静止摩擦係数を μ として，力のつり合いの式を立てる．力のつり合いの式の斜面に垂直な成分は $mg\cos\theta - N = 0$ であるから，垂直抗力の大きさは $N = mg\cos\theta$ [N] と求まる．したがって，物体が滑り始める直前における力のつり合いの式の斜面に沿った成分は，

$$mg\sin\theta_0 - \mu mg\cos\theta_0 = 0$$

である． Step3 力のつり合いの式より，静止摩擦係数 μ を求める．

$$\mu = \tan\theta_0$$

1.8 Step1 物体に働く力を見つける．物体に働く力は，物体に加えた水平方向の力 $\boldsymbol{F}$ [N]，床面からの垂直抗力 $\boldsymbol{N}$ [N]，摩擦力，重力である． Step2 物体の質量を m [kg]，重力加速度の大きさを g [m/s^2]，静止摩擦係数を μ として，物体が滑り始める直前におけるつり合いの式を立てる．力のつり合いの式の斜面に垂直な成分は $mg - N = 0$ であるから，垂直抗力の大きさは $N = mg$ [N] と求まる．したがって，物体が滑り始める直前における力のつり合いの式の水平成分は $\mu mg - F = 0$ である． Step3 数値を代入して μ の値を求める．

$$\mu = \frac{F}{mg} = \frac{4.0}{1.0 \times 9.8} = 0.4\overset{1}{\not{0}}\not{8}$$

1.9 Step1 本 A，本 B，それぞれに注目し，A, B に働く力を見つける．

- A に働く力：B が A を押す力 $\boldsymbol{F}_{\mathrm{B}\to\mathrm{A}}$ [N]，床が A を押す垂直抗力 $\boldsymbol{N}_{床\to\mathrm{A}}$ [N]，A に働く重力 $\boldsymbol{W}_{\mathrm{A}}$ [N]
- B に働く力：A が B を押す力 $\boldsymbol{F}_{\mathrm{A}\to\mathrm{B}}$ [N]，B に働く重力 $\boldsymbol{W}_{\mathrm{B}}$ [N]

Step2 A, B について力のつり合いの式を立てる．

$$\begin{cases} \text{A に働く力のつり合いの式：} F_{\mathrm{B}\to\mathrm{A}} - N_{床\to\mathrm{A}} + W_{\mathrm{A}} = 0 \\ \text{B に働く力のつり合いの式：} F_{\mathrm{A}\to\mathrm{B}} - W_{\mathrm{B}} = 0 \end{cases}$$

Step3 力のつり合いの式より，それぞれの力の大きさを求める．重力の大きさは，それぞれ，

$$W_{\mathrm{A}} = 0.50 \times 9.8 = 4.9\,\mathrm{N}, \quad W_{\mathrm{B}} = 0.30 \times 9.8 = 2.9\not{4}\,\mathrm{N}$$

であるから，それぞれの力の大きさは次のようになる．

$$F_{\mathrm{A}\to\mathrm{B}} = W_{\mathrm{B}} = 2.9\not{4}\,\mathrm{N},\ F_{\mathrm{B}\to\mathrm{A}} = F_{\mathrm{A}\to\mathrm{B}} = 2.9\not{4}\,\mathrm{N},$$
$$N_{床\to\mathrm{A}} = F_{\mathrm{B}\to\mathrm{A}} + W_{\mathrm{A}} = 7.8\not{4}\,\mathrm{N}$$

1.10 Step1 おもり A，おもり B，それぞれに注目し，A, B に働く力を見つける．

- A に働く力：糸 1 が A に及ぼす力 $\boldsymbol{F}_{糸1\to\mathrm{A}}$ [N]，糸 2 が A に及ぼす力 $\boldsymbol{F}_{糸2\to\mathrm{A}}$ [N]，A に働く重力 $\boldsymbol{W}_{\mathrm{A}}$ [N]
- B に働く力：糸 2 が B に及ぼす力 $\boldsymbol{F}_{糸2\to\mathrm{B}}$ [N]，B に働く重力 $\boldsymbol{W}_{\mathrm{B}}$ [N]

Step2 A, B について力のつり合いの式を立てる．

$$\begin{cases} \text{A に働く力のつり合いの式：} F_{糸1\to\mathrm{A}} - F_{糸2\to\mathrm{A}} - W_{\mathrm{A}} = 0 \\ \text{B に働く力のつり合いの式：} F_{糸2\to\mathrm{B}} - W_{\mathrm{B}} = 0 \end{cases}$$

Step3 力のつり合いの式より，それぞれの力の大きさを求める．重力の大きさは，それぞれ，$W_{\mathrm{A}} = m_{\mathrm{A}}g$ [N], $W_{\mathrm{B}} = m_{\mathrm{B}}g$ [N] である．糸が十分に軽いときには，糸の両端における張力の大きさは等しいことから，

$$F_{糸2\to\mathrm{B}} = F_{糸2\to\mathrm{A}} = m_{\mathrm{B}}g\ [\mathrm{N}], \quad F_{糸1\to\mathrm{A}} = (m_{\mathrm{A}} + m_{\mathrm{B}})g\ [\mathrm{N}]$$

1.11 Step1 おもり A，おもり B，それぞれに注目し，A, B に働く力を見つける．

- A に働く力：上のばねが A に及ぼす力 $\boldsymbol{F}_{ばね上\to\mathrm{A}}$ [N]，
  下のばねが A に及ぼす力 $\boldsymbol{F}_{ばね下\to\mathrm{A}}$ [N]，A に働く重力 $\boldsymbol{W}_\mathrm{A}$ [N]
- B に働く力：下のばねが B に及ぼす力 $\boldsymbol{F}_{ばね下\to\mathrm{B}}$ [N]，B に働く重力 $\boldsymbol{W}_\mathrm{B}$ [N]

Step2 A, B について力のつり合いの式を立てる．

$$\begin{cases} \text{A に働く力のつり合いの式：} F_{ばね上\to\mathrm{A}} - F_{ばね下\to\mathrm{A}} - W_\mathrm{A} = 0 \\ \text{B に働く力のつり合いの式：} F_{ばね下\to\mathrm{B}} - W_\mathrm{B} = 0 \end{cases}$$

Step3 力のつり合いの式より，それぞれの力の大きさを求める．重力の大きさは，それぞれ，$W_\mathrm{A} = m_\mathrm{A} g$ [N], $W_\mathrm{B} = m_\mathrm{B} g$ [N] である．糸が十分に軽いときには，糸の両端における張力の大きさは等しいことから，

$$F_{ばね下\to\mathrm{B}} = F_{ばね下\to\mathrm{A}} = m_\mathrm{B} g \text{ [N]}, \quad F_{ばね上\to\mathrm{A}} = (m_\mathrm{A} + m_\mathrm{B})g \text{ [N]}$$

Step4 上の結果を用いて，ばねの自然長から伸びを求める．ばねの自然長からの伸びは，上のばねは $\frac{(m_\mathrm{A}+m_\mathrm{B})g}{k}$ [m]，下のばねは $\frac{m_\mathrm{B} g}{k}$ [m] と求まる．

1.12 Step1 動滑車に働く力を見つける．図のように，動滑車に働く力は，軸に掛かるひもの張力 $\boldsymbol{T}_{軸}$ [N]，左側のひもの張力 $\boldsymbol{T}_{左}$ [N]，右側のひもの張力 $\boldsymbol{T}_{右}$ [N] の 3 つである．
Step2 力のつり合いの式を立てる．力のつり合いの式は $T_{軸} - T_{右} - T_{左} = 0$． Step3 力のつり合いの式より，力の大きさ F を求める．$T_{右} = T_{左}$, $T_{軸} = mg$（m [kg]：おもりの質量，g [m/s^2]：重力加速度の大きさ）であり，引く力の大きさ F は $F = T_{右} = T_{左} = \frac{T_{軸}}{2}$ であるから，

$$\frac{mg}{2} = \frac{3.0 \times 9.8}{2} = 14.7 \text{ N}$$

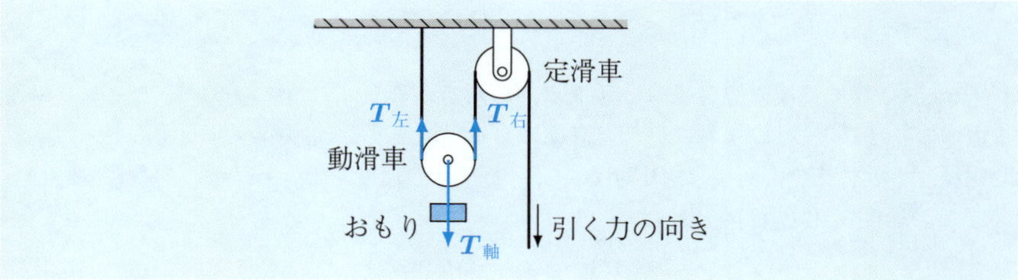

第 2 章

2.1

(a) 表の通り．

速度

t [s]	0.5	1.5	2.5	3.5	4.5
v_x [m/s]	2.0	2.0	2.0	2.0	2.0

加速度

t [s]	1.0	2.0	3.0	4.0
a_x [m/s^2]	0.0	0.0	0.0	0.0

(b) 表の通り．

速度

t [s]	0.5	1.5	2.5	3.5	4.5
v_x [m/s]	0.4	1.2	2.0	2.8	3.6

加速度

t [s]	1.0	2.0	3.0	4.0
a_x [m/s^2]	0.8	0.8	0.8	0.8

(c) 表の通り．

速度

t [s]	0.5	1.5	2.5	3.5	4.5
v_x [m/s]	1.0	2.5	3.0	2.5	1.0

加速度

t [s]	1.0	2.0	3.0	4.0
a_x [m/s^2]	1.5	0.5	-0.5	-1.5

2.2 図の通り．ただし，黒い矢印が速度ベクトル，青い矢印が加速度ベクトルである．また，点線の矢印は速度の変化を求めるために引いた補助線である．加速度ベクトルが円の中心を向いていることがわかる．

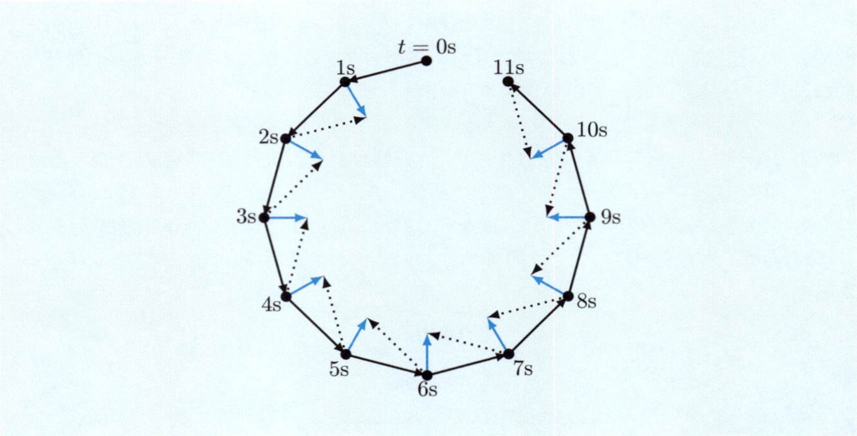

2.3 Step1 等加速度直線運動の v–t グラフの形を求める．x 軸に沿って等加速度直線運動する物体の a–t グラフは，t 軸に平行な直線になる．加速度を a_0 [m/s^2] とすると，物体の速度変化は，a–t グラフの面積に対応するので，$t = 0$ の速度を v_0 [m/s] とすると，時刻 0〜t [s] までの速度変化 $v_x(t) - v_0$ は

$$v_x(t) - v_0 = a_0 t \text{ [m/s]}$$

となる．すなわち，物体の v–t グラフは，図のように v_x 軸との切片 v_0，傾き a_0 の直線になる． Step2 v–t グラフの形から x–t グラフの形を求める．物体の変位は v–t グラフの面積に対応するので，時刻 0〜t [s] までの変位 $x(t) - x_0$ は

$$x(t) - x_0 = (\text{三角形の面積}) + (\text{長方形の面積})$$

$$= \frac{1}{2}a_0 t^2 + v_0 t \text{ [m]}$$

となり，x–t グラフは 2 次曲線になる．

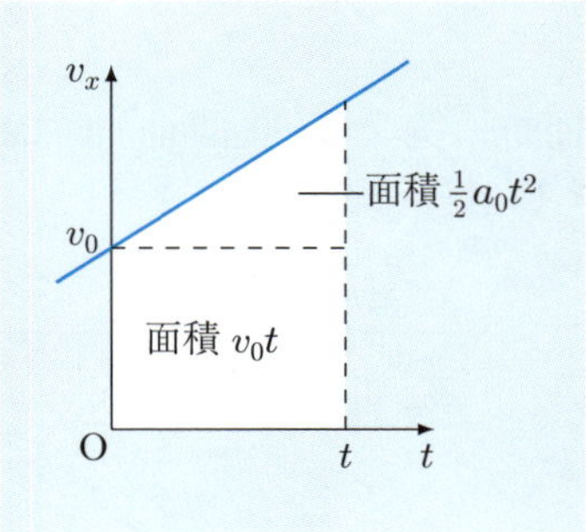

2.4 (Step1) 速度の変化に対応する箇所に色を付ける．

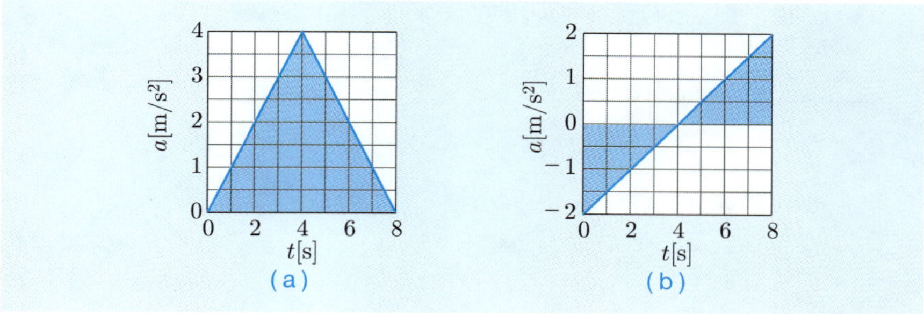

(Step2) 符号に注意して面積を求め，それに初速度 10 m/s を足して，$t = 8.0$ s の速度を求める．

(a) $\frac{1}{2} \times 8 \times 4 + 10 = 26$ m/s

(b) $-\frac{1}{2} \times 4 \times 2 + \frac{1}{2} \times 4 \times 2 + 10 = 10$ m/s

2.5 A の面積と B の面積が等しくなる時刻 t [s] が A が B に追いつく時刻であるから，$t = 4.0$ s とわかる（さらに，$t = 8.0$ s に抜かされた B が A に追いつく）．

2.6 (a) 鉛直上向きを x 軸とすると，図の通り．

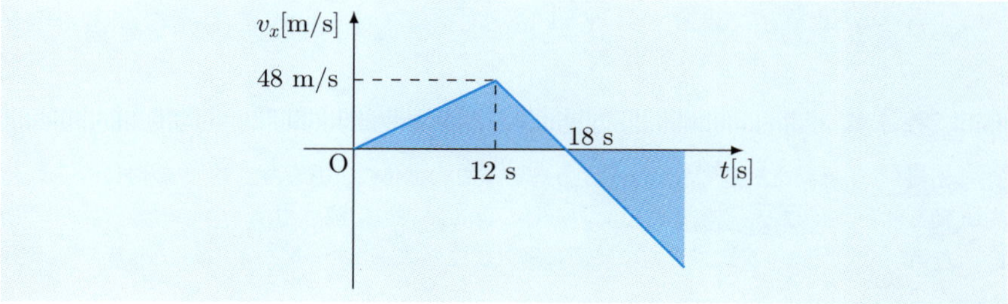

(b) 変位が 0 の時刻（v–t グラフの面積が 0 の時刻）が再び地上に戻ってくる時刻であるから，

$$\frac{1}{2} \times 18 \times 48 = \frac{1}{2} \times t \times (8.0 \times t)$$

である．これを t について解いて，$t = 6.0\sqrt{3}$ s であるから，再び地上に戻ってくる時刻は，$6.0\sqrt{3} + 18 = 28.3$ s と求まる．

2.7

(a)　速度 V [m/s]，加速度 0 [m/s^2]

(b)　速度 $2At + V$ [m/s]，加速度 $2A$ [m/s^2]

(c)　速度 $\omega C \cos(\omega t)$ [m/s]，加速度 $-\omega^2 C \sin(\omega t)$（$= -\omega^2 x$）[m/s^2]

(d)　速度 $-\omega C \sin(\omega t)$ [m/s]，加速度 $-\omega^2 C \cos(\omega t)$（$= -\omega^2 x$）[m/s^2]

(e)　速度 $-\lambda C e^{-\lambda t}$（$= -\lambda x$）[m/s]，加速度 $\lambda^2 C e^{-\lambda t}$（$= \lambda^2 x$）[m/s^2]

(a) は等速度運動，(b) は等加速度直線運動です．(c), (d) は単振動（4 章参照）です．

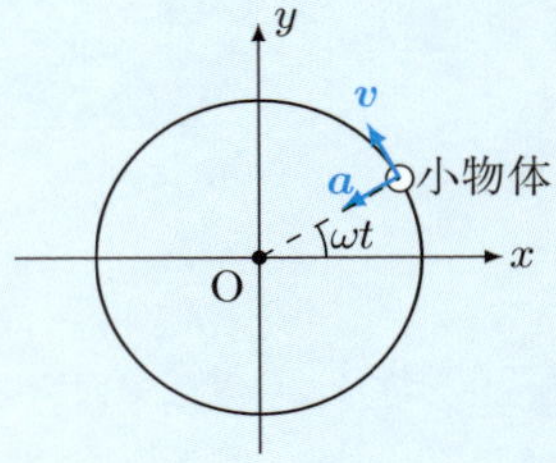

2.8 速度

$$v_x = -\omega C \sin(\omega t) = -\omega y \text{ [m/s]},$$
$$v_y = \omega C \cos(\omega t) = \omega x \text{ [m/s]}$$

加速度

$$a_x = -\omega^2 C \cos(\omega t) = -\omega^2 x \text{ [m/s}^2\text{]},$$
$$a_y = -\omega^2 C \sin(\omega t) = -\omega^2 y \text{ [m/s}^2\text{]}$$

これより，位置，速度，加速度の関係は図のようになる．

2.9

(a) $v_x(t) = \int_0^t Ct\,dt + v_x(0) = \frac{1}{2}Ct^2$ [m/s], $x = \int_0^t \left(\frac{1}{2}Ct^2\right) dt + x(0) = \frac{1}{6}Ct^3$ [m]

(b) $v_x(t) = \int_0^t Ct\,dt + v_x(0) = \frac{1}{2}Ct^2 + v_0$ [m/s],
$x = \int_0^t \left(\frac{1}{2}Ct^2 + v_0\right) dt + x(0) = \frac{1}{6}Ct^3 + v_0 t$ [m]

(c) $v_x(t) = \int_0^t Ct^2\,dt + v_x(0) = \frac{1}{3}Ct^3$ [m/s], $x = \int_0^t \left(\frac{1}{3}Ct^3\right) dt + x(0) = \frac{1}{12}Ct^4$ [m]

(d) $v_x(t) = \int_0^t Ct^3\,dt + v_x(0) = \frac{1}{4}Ct^4$ [m/s], $x = \int_0^t \left(\frac{1}{4}Ct^4\right) dt + x(0) = \frac{1}{20}Ct^5$ [m]

第 3 章

3.1 Step1 座標軸を決定する．図のように $t = 0$ の物体の位置を原点とし，斜面に沿って上向きを x 軸とする． Step2 物体に働く力を見つける．物体に働く力は大きさ mg [N] の重力と垂直抗力 $\boldsymbol{N}$ [N] である．ここで，力の斜面に垂直な成分はつり合っている（$mg\cos\theta - N = 0$）．

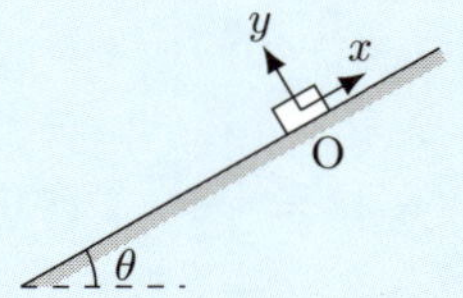

Step3 運動方程式を立てる．運動方程式の斜面に沿った成分は

$$ma_x = -mg\sin\theta$$

となる． Step4 運動方程式を初期条件 $t = 0$ のとき $x(0) = 0$, $v(0) = 0$ の下で解く．物体の位置および速度は，

$$x(t) = -\frac{1}{2}g(\sin\theta)t^2 \text{ [m]}, \quad v_x(t) = -g(\sin\theta)t \text{ [m/s]}$$

と求まる．$\theta = 90°$ のとき，これは自由落下の結果と一致する．

3.2　電車に乗っている人の立場：Step1 座標軸を決定する．小球を放した位置を原点とし，鉛直上向きを y 軸，水平方向で電車の運動方向を x 軸とする．Step2 小球に働く力を見つける．小球に働く力は大きさ mg [N] の重力である．Step3 運動方程式を立てる．運動方程式は，$ma_x = 0$, $ma_y = -mg$ である．Step4 初期条件 $t = 0$ のとき $(x(0), y(0)) = (0, 0)$, $(v_x(0), v_y(0)) = (0, 0)$ の下で，運動方程式を解く．小球の位置および速度は，

$$(x(t), y(t)) = \left(0, -\frac{1}{2}gt^2\right)\ [\mathrm{m}],\quad (v_x(t), v_y(t)) = (0, -gt^2)\ [\mathrm{m/s}]$$

と求まる．これは自由落下の結果と一致する．

電車の外に静止している人の立場：Step1 座標軸を決定する．小球を放した位置を原点とし，鉛直上向きを y' 軸，水平方向電車の運動方向を x' 軸とする．Step2 小球に働く力を見つける．小球に働く力は大きさ mg [N] の重力である．Step3 運動方程式を立てる．運動方程式は，$ma_{x'} = 0$, $ma_{y'} = -mg$ である．Step4 初期条件 $t = 0$ のとき $(x'(0), y'(0)) = (0, 0)$, $(v_{x'}(0), v_{y'}(0)) = (v_0, 0)$ の下で，運動方程式を解く．小球の位置および速度は，

$$(x'(t), y'(t)) = \left(v_0 t, -\frac{1}{2}gt^2\right)\ [\mathrm{m}],\quad (v_{x'}(t), v_{y'}(t)) = (v_0, -gt^2)\ [\mathrm{m/s}]$$

と求まる．これは実践例題メニュー 3.4 の水平投射の場合の結果と一致する．

x, y と x', y' との間には，$x' = x + v_0 t$, $y' = y$ の関係があります．それを用いれば，電車に乗っている人の立場の結果と電車の外で静止している人の立場の結果が一致していることが確認できます．物理現象は座標系によらないはずであるから，慣性座標系であれば，どのような座標系であっても結果は同じになります（非慣性座標系の場合は 7 章で考えます）．

3.3　Step1 座標軸を決定する．図のように物体 A, B の運動方向を x 軸とする．Step2 物体 A, B，および糸のそれぞれに働く力を見つける．

- 物体 A に働く力：糸の張力 $\boldsymbol{T}_{糸\to\mathrm{A}}$ [N]，床面からの垂直抗力，重力
- 物体 B に働く力：大きさ F の引く力，糸の張力 $\boldsymbol{T}_{糸\to\mathrm{B}}$ [N]，床面からの垂直抗力，重力
- 糸に働く力：物体 A が糸を引く力 $\boldsymbol{F}_{\mathrm{B}\to糸}$ [N]，物体 B が糸を引く力 $\boldsymbol{F}_{\mathrm{A}\to糸}$ [N]，重力

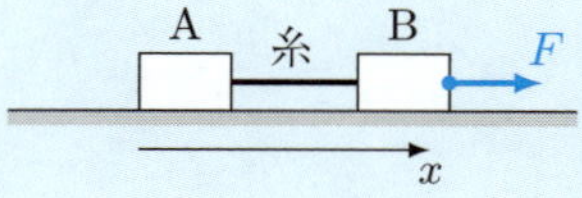

Step3 物体 A, B，および糸のそれぞれの運動方程式を立てる．運動方程式は，

$$\begin{cases} \text{物体 A}: m_A a_x = T_{糸\to A} \\ \text{物体 B}: m_B a_x = F - T_{糸\to B} \\ \quad \text{糸}: m_{糸} a_x = F_{B\to 糸} - F_{A\to 糸} \end{cases} \quad (\text{運動方程式})$$

となる（いまの場合，運動は水平方向に限られるので水平成分のみ考えればよい）． Step4 運動方程式と作用・反作用の法則

$$T_{糸\to A} = F_{A\to 糸}, \quad T_{糸\to B} = F_{B\to 糸}$$

を用いて，張力の大きさ $T_{糸\to A}$, $T_{糸\to B}$ を求める．

$$T_{糸\to A} = \frac{m_A F}{m_A + m_B + m_{糸}} \text{ [N]}, \quad T_{糸\to B} = \frac{(m_A + m_{糸})F}{m_A + m_B + m_{糸}} \text{ [N]}$$

と求まる．したがって，糸が十分に軽い（$m_{糸} = 0$）とき，$T_{糸\to A} = T_{糸\to B}$ となる．

3.4 Step1 座標軸を決定する．図のように物体 A については，$t = 0$ の A の位置を原点，斜面に沿って上向きを x 軸とし，物体 B については，$t = 0$ の B の位置を原点，鉛直下向きを x 軸とする．

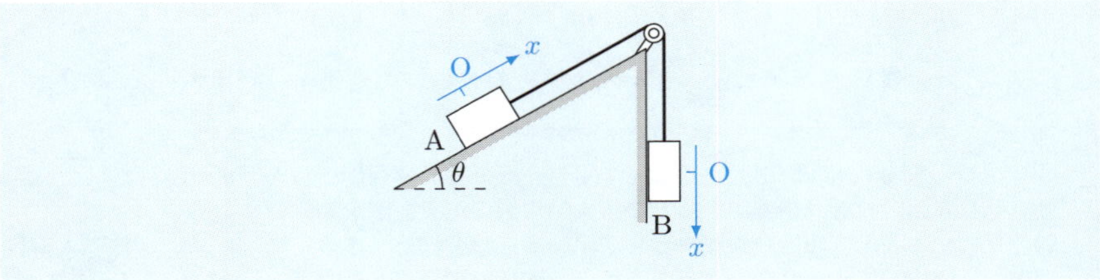

Step2 物体 A, B のそれぞれに働く力を見つける．

- 物体 A に働く力：糸の張力 $\boldsymbol{T}_{糸\to A}$ [N]，垂直抗力 $\boldsymbol{N}$ [N]，大きさ mg [N] の重力
- 物体 B に働く力：糸の張力 $\boldsymbol{T}_{糸\to B}$ [N]，大きさ Mg [N] の重力

Step3 運動方程式を立て，加速度を求める．

$$\begin{cases} \text{物体 A}: ma_x = -mg\sin\theta + T \\ \text{物体 B}: Ma_x = Mg - T \end{cases} \quad (\text{運動方程式})$$

となる．ただし，物体 A に働く力の斜面に垂直な成分がつり合っていること（$mg\cos\theta - N = 0$）と，糸が軽いとき，糸の両端における張力の大きさが等しいこと（$T_{糸\to A} = T_{糸\to B} \equiv T$ [N]）を用いた．運動方程式より，加速度は次のように求まる．

$$a_x = \frac{M - m\sin\theta}{M + m} g \text{ [m/s}^2\text{]}$$

Step4 加速度の式を初期条件 $x(0) = 0$, $v_x(0) = 0$ の下で解く．物体の位置（それぞれの座標軸における位置）および速度は，

$$x(t) = \frac{1}{2}\frac{M - m\sin\theta}{M + m} gt^2 \text{ [m]}, \quad v_x(t) = \frac{M - m\sin\theta}{M + m} gt \text{ [m/s]}$$

と求まる．この結果は，$\theta = 0$ の場合は基本例題メニュー 3.5 の結果と，$\theta = 90°$ の場合は実践例題メニュー 3.6 の結果と，一致する．

3.5 Step1 座標軸を決定する．おもり A については，$t = 0$ の A の位置を原点，鉛直上向きを x 軸とし，おもり B については，$t = 0$ の B の位置を原点，鉛直下向きを x 軸とする．

Step2 おもり A, B，それぞれに働く力を見つける．

- おもり A に働く力：糸の張力 $\boldsymbol{T}_\mathrm{A}$ [N]，大きさ mg [N] の重力
- おもり B に働く力：糸の張力 $\boldsymbol{T}_\mathrm{B}$ [N]，大きさ Mg [N] の重力
- 動滑車に働く力：円板に掛かっている糸の張力 $\boldsymbol{T}_{\text{円板}}$ [N]，軸に付いている糸の張力 $\boldsymbol{T}_{\text{軸}}$ [N]

Step3 運動方程式を立てる．

$$\begin{cases} \text{おもり A}: ma_\mathrm{A} = -mg + T_\mathrm{A} \\ \text{おもり B}: Ma_\mathrm{B} = Mg - T_\mathrm{B} \\ \text{動滑車}: \quad 0 = 2T_{\text{円板}} - T_{\text{軸}} \end{cases} \quad \text{（運動方程式）}$$

となる．ただし，動滑車が十分に軽いことを用いた．

Step4 運動方程式と，$a_\mathrm{A} = 2a_\mathrm{B}$, $T_{\text{円板}} = T_\mathrm{A}$, $T_{\text{軸}} = T_\mathrm{B}$ を用いて，おもり A, B の加速度を求める．

$$a_\mathrm{A} = \frac{2(M-2m)}{M+4m} g \ [\mathrm{m/s^2}], \quad a_\mathrm{B} = \frac{M-2m}{M+4m} g \ [\mathrm{m/s^2}]$$

と求まる．$M = 0$ のときは $a_\mathrm{A} = -g$，$m = 0$ のときには $a_\mathrm{B} = g$ となり，ともに自由落下の結果と一致する．

3.6 Step1 座標軸を決定する．物体 A については，$t = 0$ の A の位置を原点，水平右向きを x 軸とし，物体 B については，$t = 0$ の B の位置を原点，鉛直下向きを x 軸とする．

Step2 物体 A, B，それぞれに働く力を見つける．

- 物体 A に働く力：糸の張力 $\boldsymbol{T}_\mathrm{A}$ [N]，垂直抗力 $\boldsymbol{N}$ [N]，摩擦力，大きさ mg [N] の重力
- 物体 B に働く力：糸の張力 $\boldsymbol{T}_\mathrm{B}$ [N]，大きさ Mg [N] の重力

Step3 運動方程式を立てて，加速度を求める．運動方程式は，

$$\begin{cases} \text{物体 A}: ma_x = T - \mu' mg \\ \text{物体 B}: Ma_x = Mg - T \end{cases} \quad \text{（運動方程式）}$$

と書ける．ただし，物体 A の力の鉛直成分がつり合っていること（$N - mg = 0$），摩擦力の大きさが $\mu' N = \mu' mg$ と書けること，糸が軽い場合，糸の両端に働く張力の大きさが等しいこと（$T_\mathrm{A} = T_\mathrm{B} \equiv T$ [N]）を用いた．運動方程式より，加速度は次のように求まる．

$$a_x = \frac{M - \mu' m}{M+m} g \ [\mathrm{m/s^2}]$$

Step4 加速度の式を初期条件 $x(0) = 0$, $v_x(0) = 0$ の下で解く．

$$x(t) = \frac{1}{2} \frac{M - \mu' m}{M+m} gt^2 \ [\mathrm{m}], \quad v_x(t) = \frac{M - \mu' m}{M+m} gt \ [\mathrm{m/s}]$$

となる．$\mu' = 0$ の場合は，基本例題メニュー 3.5 と一致することが確かめられる．

3.7 Step1 座標軸を決定する．物体 A については，$t=0$ の A の位置を原点，斜面に沿って上向きを x 軸とし，物体 B については，$t=0$ の B の位置を原点，鉛直下向きを x 軸とする． Step2 物体 A, B のそれぞれに働く力を見つける．

- 物体 A に働く力：糸の張力 $\boldsymbol{T}_{糸\to\mathrm{A}}$ [N]，垂直抗力 $\boldsymbol{N}$ [N]，摩擦力，大きさ mg [N] の重力
- 物体 B に働く力：糸の張力 $\boldsymbol{T}_{糸\to\mathrm{B}}$ [N]，大きさ Mg [N] の重力

Step3 運動方程式を立て，加速度を求める．糸の張力の大きさを T [N] とすると，運動方程式は次のように書ける．

$$\begin{cases} \text{物体 A}：ma_x = T - mg\sin\theta - \mu' mg\cos\theta \\ \text{物体 B}：Ma_x = Mg - T \end{cases} \quad \text{（運動方程式）}$$

ただし，物体 A に働く力の斜面に垂直な成分がつり合っていること（$mg\cos\theta - N = 0$），A に働く摩擦力の大きさが $\mu' N = \mu' mg\cos\theta$ と書けること，糸が軽い場合，糸の両端における張力の大きさが等しいこと（$T_{糸\to\mathrm{A}} = T_{糸\to\mathrm{B}} \equiv T$ [N]）を用いた．運動方程式より，加速度は次のように求まる．

$$a_x = \frac{M - m\sin\theta - \mu' m\cos\theta}{M+m} g \ [\mathrm{m/s^2}]$$

Step4 運動方程式を初期条件 $x(0)=0$, $v_x(0)=0$ の下で解く．

$$x(t) = \frac{1}{2}\frac{M - m\sin\theta - \mu' m\cos\theta}{M+m} gt^2 \ [\mathrm{m}],$$

$$v_x(t) = \frac{M - m\sin\theta - \mu' m\cos\theta}{M+m} gt \ [\mathrm{m/s}]$$

となる．これは，$\theta = 0$ の場合は問題 3.6 の結果と一致し，$\mu' = 0$ の場合は問題 3.4 の結果と一致する．

3.8 Step1 座標軸を決める．力を加えた方向を x 軸とする． Step2 板 A と小物体 B の加速度を a_x [m/s^2]，A, B 間に働く摩擦力の大きさを $F_{摩擦}$ [N] として，運動方程式を立て，$F_{摩擦}$ を求める．小物体 B は加えた力の方向に加速度運動するので，B に働く摩擦力は加えた力の方向であり，作用・反作用の法則より A に働く摩擦力は加えた力と逆の方向である．したがって，運動方程式は，次のように書ける．

$$\begin{cases} \text{板 A}：Ma_x = F - F_{摩擦} \\ \text{小物体 B}：ma_x = F_{摩擦} \end{cases} \quad \text{（運動方程式）}$$

これより $F_{摩擦}$ は，次のように求まる．

$$F_{摩擦} = \frac{mF}{M+m} \ [\mathrm{N}]$$

Step3 $F_{摩擦} \leqq \mu mg$ であれば物体 B は滑らないことから，滑らない条件を求める．滑らない条件は，$F < \mu(M+m)g$ となる．

第4章

4.1 Step1 おもりに働く力を見つける．おもりに働く力は，ばねの弾性力と重力である．Step2 ばねの自然長からの伸びを d [m]，角振動数を ω [rad/s] として，力のつり合い式（鉛直成分）と，向心力の式を立てる．円運動の半径は $l\sin\theta$ [m] であるから，力のつり合いの式の鉛直成分は $kd\cos\theta - mg = 0$ である．一方で，ばねの弾性力が円運動の向心力として働くので $m(l\sin\theta)\omega^2 = kd\sin\theta$ である．Step3 力のつり合い式と向心力の式より ω を求め，そして，周期 $T = \frac{2\pi}{\omega}$ より周期 T を求める．力のつり合いの式の鉛直成分より $kd = \frac{mg}{\cos\theta}$ と求まる．これを向心力の式に代入して整理すると $\omega = \sqrt{\frac{g}{l\cos\theta}}$ [rad/s] と求まる．したがって，周期 $T = 2\pi\sqrt{\frac{l\cos\theta}{g}}$ [s] を得る．

4.2 Step1 おもりに働く力を見つける．おもりに働く力は，上の糸の張力 $\boldsymbol{T}_1$ [N]，下の糸の張力 $\boldsymbol{T}_2$ [N]，大きさ mg の重力である．Step2 角速度を ω [rad/s] として，力のつり合い式（鉛直成分）と，向心力の式を立てる．力のつり合いの式の鉛直成分は $T_1\cos\theta - mg - T_2\cos\theta = 0$ である．一方で，張力が円運動の向心力として働くので，$m(l\sin\theta)\omega^2 = (T_1 + T_2)\sin\theta$ である．Step3 力のつり合い式と向心力の式より，T_1, T_2 を求める．

$$T_1 = \frac{1}{2}\left(ml\omega^2 + \frac{mg}{\cos\theta}\right)\ [\mathrm{N}], \quad T_2 = \frac{1}{2}\left(ml\omega^2 - \frac{mg}{\cos\theta}\right)\ [\mathrm{N}]$$

となる．

4.3 Step1 小球に働く力を見つける．小球に働く力は，垂直抗力 $\boldsymbol{N}$ [N] と大きさ mg [N] の重力である．Step2 小球の角速度を ω [rad/s] として，力のつり合い式（鉛直成分）と，向心力の式を立てる．円運動の半径は $h\tan\theta$ [m] であるから，力のつり合いの式の鉛直成分は $N\sin\theta - mg = 0$ である．一方で，垂直抗力の水平成分が円運動の向心力として働くので $m(h\tan\theta)\omega^2 = N\cos\theta$．Step3 力のつり合い式と向心力の式より，$\omega$ を求める．$\omega = \sqrt{\frac{g}{h\tan^2\theta}}$ [rad/s] と求まる．

4.4 Step1 物体が滑らずにターンテーブルと同じ角速度で回転しているとき，物体に働く力を見つける．物体に働く力は垂直抗力 $\boldsymbol{N}$ [N]，摩擦力 $\boldsymbol{F}_{摩擦力}$ [N]，大きさ mg [N] の重力である．Step2 小球の角速度を ω [rad/s] として，力のつり合い式（鉛直成分）と，向心力の式を立てる．力のつり合いの式の鉛直成分は，$mg - N = 0$．一方で，摩擦力が円運動の向心力として働くので $mL\omega^2 = F_{摩擦力}$．Step3 物体が滑らないためには，$F_{摩擦力} \leqq \mu N$ でなければならない．これより，ω の条件を求める．$\omega \leqq \sqrt{\frac{\mu g}{L}}$ と求まる．

4.5 $x = A\cos(\omega t + \theta_0)$ を時間 t で 2 回微分して 2 次導関数を求めると，

$$\frac{dx}{dt} = -\omega A\sin(\omega t + \theta_0), \quad \frac{d^2x}{dt^2} = -\omega^2 A\cos(\omega t + \theta_0) = -\omega^2 x$$

となる．したがって，微分方程式 $\frac{d^2x}{dt^2} = -\omega^2 x$ の一般解が $x = A\cos(\omega t + \theta_0)$（$A$, θ_0：定数）と書けることがわかる．

4.6 Step1 座標軸を決める．ばねが共に自然長のときのおもりの位置を原点とし，ばね A

が伸びる方向を x 軸とする． Step2 おもりに働く力を見つける．おもりに働く力はばね A からの弾性力とばね B からの弾性力，垂直抗力，重力である． Step3 運動方程式を立てる．おもりの位置が x [m] のときのばね A からの弾性力は $-k_{\mathrm{A}}x$ [N]，ばね B からの弾性力は $-k_{\mathrm{B}}x$ [N] であるから，運動方程式は，

$$ma_x = -k_{\mathrm{A}}x - k_{\mathrm{B}}x = -(k_{\mathrm{A}} + k_{\mathrm{B}})x$$

となる． Step4 初期条件 $t = 0$ のとき $x(0) = 0$, $v_x(0) = 0$ の下で，運動方程式を解いて，位置および速度を求める．

$$x(t) = x_0 \cos\left(\sqrt{\frac{k_{\mathrm{A}} + k_{\mathrm{B}}}{m}}\,t\right) \text{ [m]}$$

$$v_x(t) = -\sqrt{\frac{k_{\mathrm{A}} + k_{\mathrm{B}}}{m}}\,x_0 \sin\left(\sqrt{\frac{k_{\mathrm{A}} + k_{\mathrm{B}}}{m}}\,t\right) \text{ [m/s]}$$

となる．

4.7 Step1 おもりに働く力を見つける．おもりに働く力は，ばねの弾性力，垂直抗力，重力である． Step2 力のつり合いの式より，ばね定数を求める．ばね定数を k [N/m] とすると，力のつり合いの式の斜面に平行な成分は $kd - mg\sin\theta = 0$ であるから，ばね定数は

$$k = \frac{mg\sin\theta}{d}$$

と書くことができる． Step3 $\omega = \sqrt{\frac{k}{m}}$ および $T = \frac{2\pi}{\omega}$ より振動の周期を求める．振動の周期は

$$T = \frac{2\pi}{\omega} = 2\pi\sqrt{\frac{m}{k}} = \sqrt{\frac{d}{g\sin\theta}} \text{ [s]}$$

と求まる．

4.8 Step1 座標軸を決める．最下点を原点とし，鉛直下向きを x 軸，水平方向かつ図の右向きを y 軸とする． Step2 おもりに働く力を見つける．おもりに働く力は，大きさ mg [N] の重力と糸の張力 $\boldsymbol{F}_{\text{張力}}$ [N] である． Step3 運動方程式を立てる．おもりの質量は m [kg] とすれば，運動方程式は，

$$ma_x = mg - F_{\text{張力}}\cos\theta, \quad ma_y = -F_{\text{張力}}\sin\theta$$

となる． Step4 これらの式から $F_{\text{張力}}$ を消去する． $F_{\text{張力}}$ を消去するためには，第 1 式に $\sin\theta$ を，第 2 式に $\cos\theta$ を掛けて，それぞれの辺を引けばよい．そうすると，

$$m(a_x\sin\theta - a_y\cos\theta) = mg\sin\theta$$

となる． Step5 質点の座標 x, y は振り子の糸の長さ l と振れ角 θ を用いて，$x = l\cos\theta$ [m], $y = l\sin\theta$ [m] と書けるので，これを微分して，速度と加速度の式を求める．l が時間変化しないことに注意すると，速度は，

$$v_x(t) = -l\sin\theta\,\frac{d\theta}{dt} \text{ [m/s]}, \quad v_y(t) = l\cos\theta\,\frac{d\theta}{dt} \text{ [m/s]}$$

となり，加速度は，

$$a_x(t) = -l\cos\theta\left(\frac{d\theta}{dt}\right)^2 - l\sin\theta\,\frac{d^2\theta}{dt^2}\ [\mathrm{m/s^2}],$$

$$a_y(t) = -l\sin\theta\left(\frac{d\theta}{dt}\right)^2 + l\cos\theta\,\frac{d^2\theta}{dt^2}\ [\mathrm{m/s^2}]$$

と求まる． Step6 加速度の式を運動方程式に代入して整理する．

$$\frac{d^2\theta}{dt^2} = -\frac{g}{l}\sin\theta$$

Step7 $\sin\theta \fallingdotseq \theta$ と近似した後で，単振動の方程式と見比べて，振動の周期を求める．

$$\frac{d^2\theta}{dt^2} \fallingdotseq -\frac{g}{l}\theta = -\left(\sqrt{\frac{g}{l}}\right)^2\theta$$

となり，これと単振動の方程式 $\frac{d^2x}{dt^2} = -\omega^2 x$ を見比べれば，この単振り子のおもりの運動は角振動数 $\omega = \sqrt{\frac{g}{l}}$ [rad/s] の単振動で表されることがわかる．したがって，振り子の周期は，

$$T = \frac{2\pi}{\omega} = 2\pi\sqrt{\frac{l}{g}}\ [\mathrm{s}]$$

となる．

第 5 章

5.1 $[\mathrm{N}] = [\mathrm{kg\cdot m/s^2}]$ であるから，$[\mathrm{N\cdot s}] = [\mathrm{kg\cdot m/s^2 \times s}] = [\mathrm{kg\cdot m/s}]$ となることが示せる．

5.2 Step1 力を加える前の物体の運動量の大きさを求める．力を加える前の物体の運動量の大きさは

$$3.0 \times 2.0 = 6.0\ \mathrm{kg\cdot m/s}$$

Step2 力を加える後の物体の運動量の大きさを求める．力を加えた後の物体の運動量の大きさは

$$3.0 \times 4.0 = 12\ \mathrm{kg\cdot m/s}$$

Step3 運動量と力積の関係より，加えられた力積の大きさを求める．図より力積の大きさは

$$6.0 \times \tan 60^\circ = 6.0 \times \sqrt{3} = 10.3\ \mathrm{N\cdot s}$$

となる（向きは水平方向，はじめの進行方向に対して垂直な向き）．

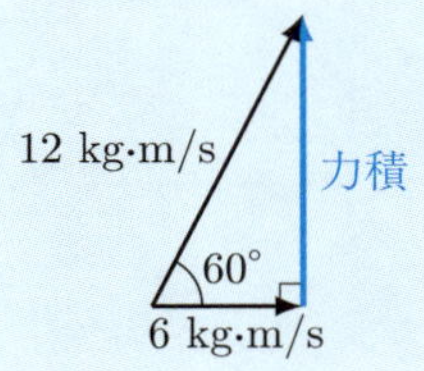

5.3 （Step1）力積を加える前の小球の運動量を求める．$3.0 \times 10 = 30\,\mathrm{kg \cdot m/s}$．（Step2）力積を加えた後の小球の運動量を求める．図より，

$$30 \times \cos 45^\circ = 30 \times \sqrt{2}\,\mathrm{kg \cdot m/s}$$

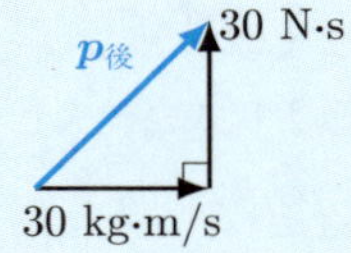

（Step3）$p = mv$ より，力積を加えた後の小球の速さを求める．速さは $\frac{30\sqrt{2}}{3.0} = 14.1\,\mathrm{m/s}$ となる（向きは水平となす角 45°）．

5.4 速度の変化が大きいほど受けた力積は大きいから，ゴムボールの方が，粘土ボールに比べて壁から及ぼされた力積が大きい．したがって，作用・反作用の法則より，ゴムボールの方が，粘土ボールに比べて壁に及ぼした力積が大きい（力積を加えられても壁が動かないのは，壁が床面に固定されていて，動こうとしても床面から力を受けるからである）．

5.5 床の上に落としたときに比べて，座布団の上に落とした方が，コップが減速して静止するまでに時間がかかる．そのため，同じ力積が加わったとしても，加わる力の大きさは座布団の上に落とした場合の方が小さい．それゆえ，座布団の上に落とした方が割れないのである．

キャッチボールをするときに，グラブを引きながらキャッチした方が手が痛くないのも問題 5.5 と同じ理由です．

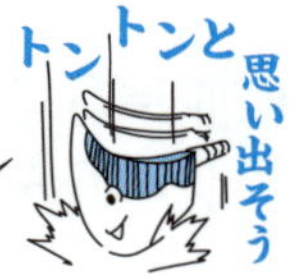

5.6 グラフの向き付きの面積が力積に対応するから，符号に注意して図の網掛け部分の面積を求めればよい．それぞれ，$t = 2.0\,\mathrm{s}$ のとき $p_x = 0.0\,\mathrm{kg \cdot m/s}$，$t = 3.0\,\mathrm{s}$ のとき $p_x = 1.0\,\mathrm{kg \cdot m/s}$，$t = 4.0\,\mathrm{s}$ のとき $p_x = 0.5\,\mathrm{kg \cdot m/s}$．
速度はこれらを質量 5.0 kg で割って，$t = 2.0\,\mathrm{s}$ のとき $v_x = 0.0\,\mathrm{m/s}$，$t = 3.0\,\mathrm{s}$ のとき $v_x = \frac{1.0}{5.0} = 0.20\,\mathrm{m/s}$，$t = 4.0\,\mathrm{s}$ のとき $v_x = \frac{0.5}{5.0} = 0.10\,\mathrm{m/s}$ となる．

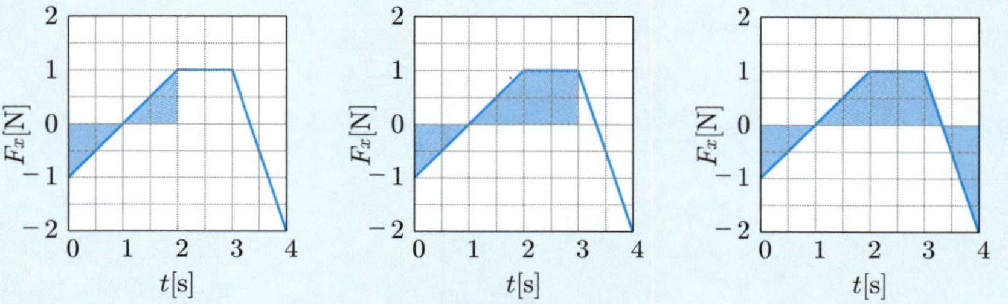

（a）$t = 2.0$ s　（b）$t = 3.0$ s　（c）$t = 4.0$ s

5.7 実践例題メニュー 3.2 の結果 (3.19) の大きさ $\sqrt{{v_0}^2+2gh}$ に $v_0=0$ を代入して用いれば，小球が床面と衝突する直前の速さは $\sqrt{2gh}$ [m/s] であり，衝突した直後の速さは $\sqrt{2g(0.36h)}=0.60\sqrt{2gh}$ [m/s] である．したがって，床面が小球に与えた力積は

$$(\text{力積})=m\sqrt{2gh}-0.60m\sqrt{2gh}=0.40m\sqrt{2gh}\ [\mathrm{N\cdot s}]$$

となる．

5.8 Step1 弾丸が静止した後のブロックの速さを v [m/s] として，運動量保存則の式を立てる．

$$M\times 0+mv_0=(M+m)v$$

Step2 運動量保存則の式より v を求める．$v=\frac{mv_0}{M+m}$ [m/s].

5.9 Step1 1 段目の質量を m [kg]，切り離した直後の 2 段目の速さを v [m/s] として運動量保存則の式を立てる．

$$(m+3m)v_0=3m(v-v')+mv$$

Step2 運動量保存則の式より，v を求める．$v=v_0+\frac{3}{4}v'$ [m/s].

5.10 Step1 小球を放してから床面と 1 回目の衝突をするまでの時間を求める．実践例題メニュー 3.2 の結果 (3.18) の $t=-\frac{v_0}{g}+\frac{1}{g}\sqrt{{v_0}^2+2gh}$ [s] に $v_0=0$ を代入すれば $\sqrt{\frac{2h}{g}}$ [s] と求まる． Step2 1 回目の衝突をしてから 2 回目の衝突をするまでの時間を求める．実践例題メニュー 3.2 の結果 (3.19) の大きさ $\sqrt{{v_0}^2+2gh}$ に $v_0=0$ を代入して用いれば，1 回目の衝突をする直前の速さは $\sqrt{2gh}$ [m/s] である．はね返り係数が e であるから，衝突をした直後の小球の速さは $e\sqrt{2gh}$ [m/s] である．したがって，頂点に到達するまでの時間は，基本例題メニュー 3.1 の結果 (3.11) の $t=\frac{v_0}{g}$ [s] に $v_0=e\sqrt{2gh}$ [m/s] を代入すれば，$e\sqrt{\frac{2h}{g}}$ [s] と求まる．1 回目の衝突をしてから 2 回目の衝突をするまでの時間はこの 2 倍なので，$2e\sqrt{\frac{2h}{g}}$ [s] である． Step3 小球を放してから小球が停止するまでの時間を求める．同様に考えれば，2 回目の衝突をしてから 3 回目の衝突をするまでの時間は $2e^2\sqrt{\frac{2h}{g}}$ [s] を 3 回目の衝突をしてから 4 回目の衝突をするまでの時間は $2e^3\sqrt{\frac{2h}{g}}$ [s] であり，これを繰り返していけば，小球が停止するまでの時間は，

$$t=\sqrt{\frac{2h}{g}}\left\{1+2(e+e^2+e^3+\cdots)\right\}=\sqrt{\frac{2h}{g}}\frac{1+e}{1-e}\ [\mathrm{s}]$$

となる．完全非弾性衝突（$e=0$）のときは，$t=\sqrt{\frac{2h}{g}}$ [s] である．これは小球を放してから 1 回目の衝突をするまでの時間であり，1 回目の衝突で静止してしまうことを表している．弾性衝突に近づける（$e\to 1$）と $t\to\infty$ となる．これは弾性衝突では小球がバウンドし続けることを表している．

5.11 Step1 衝突前の運動量を求める．衝突前の物体 A の運動量は $\boldsymbol{p}_\mathrm{A}=(mv_0,0)$ [kg · m/s]，衝突前の物体 B の運動量は $\boldsymbol{p}_\mathrm{B}=(0,\sqrt{3}\,mv_0)$ [kg · m/s] である． Step2 運

動量保存則より衝突後の運動量を求める．衝突後は，物体 A, B は一体となって運動したので，衝突後の運動量は，

$$\boldsymbol{p}_{\mathrm{A}} + \boldsymbol{p}_{\mathrm{B}} = (mv_0, \sqrt{3}\,mv_0)\ [\mathrm{kg \cdot m/s}]$$

である． Step3 運動量の定義 $p = mv$ より，衝突後の物体 A, B の速さ v [m/s] を求める．

$$v = \frac{\sqrt{mv_0{}^2 + (\sqrt{3}\,mv_0)^2}}{3m} = \frac{2}{3}v_0\ [\mathrm{m/s}]$$

5.12 同じ球が直線に沿って衝突するとき，衝突が弾性衝突であれば，速度が入れかわる．したがって，衝突後，逆側の端の球のみが x 軸の正の向きに速さ v [m/s] で運動し，残りの球は静止する．

第6章

6.1 装置 A は，力の大きさ mg [N]，変位 h [m] であるから，要する仕事の大きさは mgh [J]．装置 B は，力の大きさは $\frac{mg}{2}$ [N] であり（問題 1.12 の解答参照），おもりを h [m] だけ持ち上げるのにひもを $2h$ だけ引かなくてはならないから，要する仕事の大きさは mgh [J]．したがって，装置 A を用いた場合と装置 B を用いた場合とで仕事は等しくなる．

6.2 山の高さを h [m] とすると，斜面 A に沿った場合は，加える力の大きさ $mg\sin 30^\circ$ [N]，地上から山頂までの距離は $\frac{h}{\sin 30^\circ}$ [m] であり，仕事は mgh [J]．斜面 B に沿った場合は，加える力の大きさ $mg\sin 60^\circ$ [N]，地上から山頂までの距離は $\frac{h}{\sin 60^\circ}$ [m] であり，仕事は mgh [J]．したがって，斜面 A に沿った場合と斜面 B に沿った場合の仕事は等しくなる．

問題 6.1 や 6.2 のように，摩擦力や空気抵抗がなければ，滑車や斜面を使っても仕事が等しくなります．これを**仕事の原理**といいます．

6.3 ばねの自然長からの伸びが x [m] から $x + dx$ [m] までわずかに引き伸ばすのに要する仕事は，$kx\,dx$ [J] と書くことができる．ばねの長さを自然長から x_0 [m] まで伸ばすのに要する仕事は，これを x で 0 から x_0 まで積分すればよい．したがって，

$$\int_0^{x_0} kx\,dx = \frac{1}{2}kx_0{}^2\ [\mathrm{J}]$$

となる．

6.4 Step1 振り子の鉛直からの角度が θ [rad] のときの，おもりに働く正味の力を求める．おもりに働く正味の力は $mg\sin\theta$ [N] である． Step2 θ [rad] から $\theta - d\theta$ [rad] までわずかに移動したときに，おもりがされる仕事を求める．おもりがされる仕事は

$$mg\sin\theta \times l\,d\theta\ [\mathrm{J}]$$

となる． Step3 これを θ で θ から 0 まで積分して，θ の位置から最下点まで移動するのにおもりがされる仕事を求める．おもりがされる仕事は，

$$mgl\int_0^{\theta}\sin\theta\,d\theta = mgl\big[-\cos\theta\big]_0^{\theta} = mgl(1-\cos\theta)\ [\mathrm{J}]$$

と求まる．

6.5 Step1 x 軸に沿って加速度 a_x [m/s^2] で等加速度直線運動する物体が $x(t_{始})$ [m] から $x(t_{終})$ [m] まで運動したときに物体がされる仕事を求める．x 軸に沿って加速度 a_x で等加速度直線運動する物体には，x 軸方向に ma_x [N] の正味の力が働いている．したがって，物体が $x(t_{始})$ から $x(t_{終})$ まで運動したとき，物体がされる仕事は，$ma_x\{x(t_{終})-x(t_{始})\}$ [J] である． Step2 (運動量の変化) = (物体がされる仕事) の式を整理して与式を導く．

$$\frac{1}{2}m\{v(t_{終})\}^2-\frac{1}{2}m\{v(t_{始})\}^2 = ma_x\{x(t_{終})-x(t_{始})\}\ [\mathrm{J}]$$

両辺に $\frac{2}{m}$ を掛ければ，与式を得る．

6.6 Step1 ポテンシャルエネルギーの基準を決める．地上をポテンシャルエネルギーの基準とする． Step2 投げ上げた直後の小球の力学的エネルギーを求める．投げ上げた直後の小球の運動エネルギーは $\frac{1}{2}m{v_0}^2$ [J]，ポテンシャルエネルギーは 0 であるから，投げ上げた直後の小球の力学的エネルギーは $\frac{1}{2}m{v_0}^2$ [J] である． Step3 最高点の地上からの高さを h [m] として，最高点での小球の力学的エネルギーを求める．最高点では速さが 0 であるから運動エネルギーは 0，また，ポテンシャルエネルギーは mgh [J] であるから，最高点での小球の力学的エネルギーは mgh [J] である． Step4 力学的エネルギー保存則より最高点の高さ h を求める．力学的エネルギー保存則より，

$$\frac{1}{2}m{v_0}^2 = mgh$$

が成り立つ．これを h について解いて，$h=\frac{{v_0}^2}{2g}$ [m] と求まる．これは基本例題メニュー 3.1 の結果 (3.12) と一致する．

6.7 Step1 ポテンシャルエネルギーの基準を求める．地上をポテンシャルエネルギーの基準とする． Step2 投げ下ろした直後の小球の力学的エネルギーを求める．投げ下ろした直後の小球の運動エネルギーは $\frac{1}{2}m{v_0}^2$ [J]，ポテンシャルエネルギーは mgh [J] であるから，投げ下ろした直後の小球の力学的エネルギーは $\frac{1}{2}m{v_0}^2+mgh$ [J] である． Step3 地上に到達する直前の小球の速さを v [m/s] として，地上に到達する直前の小球の力学的エネルギーを求める．地上に到達する直前の小球の運動エネルギーは $\frac{1}{2}mv^2$ [J]，ポテンシャルエネルギーは 0 J であるから，地上に到達する直前の小球の力学的エネルギーは $\frac{1}{2}mv^2$ [J] である． Step4 力学的エネルギー保存則より v を求める．力学的エネルギー保存則より，

$$\frac{1}{2}m{v_0}^2+mgh = \frac{1}{2}mv^2$$

が成り立つ．これを v について解いて，

$$v=\sqrt{{v_0}^2+2gh}\ [\mathrm{m/s}]$$

と求まる．これは，実践例題メニュー 3.2 の結果 (3.19) と一致する ((3.19) は，速度の式であり，鉛直上方を x 軸の正の向きとしているので負符号が付いている)．

6.8 Step1 放した瞬間の力学的エネルギーを求める．放した瞬間のおもりの運動エネル

ギーは0，ばねの弾性力のポテンシャルエネルギーは $\frac{1}{2}k{x_0}^2$ [J] であるから（特に断らない限り，ばねの弾性力のポテンシャルエネルギーの基準はばねが自然長の位置に取る），放した瞬間の力学的エネルギーは $\frac{1}{2}k{x_0}^2$ [J] である． Step2 ばねが自然長のときのおもりの速さを v [m/s] として，ばねが自然長のときの力学的エネルギーを求める．おもりの運動エネルギーは $\frac{1}{2}mv^2$ [J]，ばねの弾性力のポテンシャルエネルギーは0であるから，ばねが自然長のときの力学的エネルギーは $\frac{1}{2}mv^2$ [J] である． Step3 力学的エネルギー保存則より v を求める．$\frac{1}{2}k{x_0}^2 = \frac{1}{2}mv^2$．これを v について解いて，

$$v = \sqrt{\frac{k}{m}}x_0 \text{ [m/s]}$$

を得る．これは，基本例題メニュー 4.3 の結果 (4.22) の $\sqrt{\frac{k}{m}}t = \frac{\pi}{2}$ としたもの（ばねが自然長のとき）の大きさと一致する．

6.9 Step1 放した瞬間の力学的エネルギーを求める．つり合いの位置におけるばねの自然長からの伸びは，$\frac{mg}{k}$ [m] である．そこから x_0 [m] だけ引いて放したときのおもりの力学的エネルギーは

$$\frac{1}{2}k\left(x_0 + \frac{mg}{k}\right)^2 - mgx_0 = \frac{1}{2}k\left\{{x_0}^2 + \left(\frac{mg}{k}\right)^2\right\} \text{ [J]}$$

Step2 ばねがつり合いの位置におけるおもりの速さを v [m/s] としてばねがつり合いの位置におけるおもりの力学的エネルギーを求める．

$$\frac{1}{2}k\left(\frac{mg}{k}\right)^2 + \frac{1}{2}mv^2 \text{ [J]}$$

である． Step3 力学的エネルギー保存の法則よりばねがつり合いの位置におけるおもりの速さを求める．

$$\frac{1}{2}k\left\{{x_0}^2 + \left(\frac{mg}{k}\right)^2\right\} = \frac{1}{2}k\left(\frac{mg}{k}\right)^2 + \frac{1}{2}mv^2$$

これを v について解くと，$v = \sqrt{\frac{k}{m}}x_0$ [m/s] と求まる．これは，問題 6.8 の結果と同じである．

6.10 Step1 AとBとが離れた後の，それぞれの速さを v_A [m/s], v_B [m/s] として，運動量保存則の式を立てる．$mv_A - 2mv_B = 0$． Step2 力学的エネルギー保存則の式を立てる．

$$\frac{1}{2}kd^2 = \frac{1}{2}m{v_A}^2 + \frac{1}{2}(2m){v_B}^2$$

Step3 運動量保存則とエネルギー保存則の式を連立して，v_A, v_B を求める．

$$v_A = 2\sqrt{\frac{kd^2}{6m}} \text{ [m/s]}, \quad v_B = \sqrt{\frac{kd^2}{6m}} \text{ [m/s]}$$

6.11 Step1 衝突後の速度をそれぞれ，v'_A [m/s], v'_B [m/s] として運動量保存則の式を立てる．

$$mv_A + Mv_B = mv'_A + Mv'_B$$

Step2 はね返り係数の定義式を書き出す.

$$v'_{\mathrm{A}} - v'_{\mathrm{B}} = -e(v_{\mathrm{A}} - v_{\mathrm{B}})$$

Step3 運動量保存則とはね返り係数の式を連立して，v'_{A}, v'_{B} を求める.

$$v'_{\mathrm{A}} = \frac{mv_{\mathrm{A}} + Mv_{\mathrm{B}}}{m+M} + \frac{eM(v_{\mathrm{B}} - v_{\mathrm{A}})}{m+M}\ [\mathrm{m/s}],$$

$$v'_{\mathrm{B}} = \frac{mv_{\mathrm{A}} + Mv_{\mathrm{B}}}{m+M} - \frac{em(v_{\mathrm{B}} - v_{\mathrm{A}})}{m+M}\ [\mathrm{m/s}]$$

（実践例題メニュー 5.4 参照）. Step4 衝突前後の力学的エネルギーを求め，その差より衝突によって失われた力学的エネルギーを求める．衝突前の系の力学的エネルギーは

$$\frac{1}{2}m{v_{\mathrm{A}}}^2 + \frac{1}{2}M{v_{\mathrm{B}}}^2\ [\mathrm{J}]$$

衝突後の系の力学的エネルギーは

$$\frac{1}{2}m{v'_{\mathrm{A}}}^2 + \frac{1}{2}M{v'_{\mathrm{B}}}^2 = \frac{1}{2}m{v_{\mathrm{A}}}^2 + \frac{1}{2}M{v_{\mathrm{B}}}^2 - \frac{1}{2}e^2\frac{mM}{m+M}(v_{\mathrm{A}} - v_{\mathrm{B}})^2\ [\mathrm{J}]$$

であるから，衝突によって失われるエネルギーは $\frac{1}{2}e^2\frac{mM}{m+M}(v_{\mathrm{A}} - v_{\mathrm{B}})^2$ [J].

6.12 Step1 分裂した方向を x 軸とし，分裂後の A, B の速さを v_{A}, v_{B} として運動量保存則の式を立てる．$mv_{\mathrm{A}} - Mv_{\mathrm{B}} = 0$. Step2 エネルギー保存則の式を立てる.

$$\frac{1}{2}m{v_{\mathrm{A}}}^2 + \frac{1}{2}M{v_{\mathrm{B}}}^2 = \Delta E\ [\mathrm{J}]$$

Step3 運動量保存則の式とエネルギー保存則の式を連立して，v_{A}, v_{B} を求める.

$$v_{\mathrm{A}} = \sqrt{\frac{m}{M}\frac{2\Delta E}{M+m}}\ [\mathrm{m/s}], \quad v_{\mathrm{B}} = \sqrt{\frac{M}{m}\frac{2\Delta E}{M+m}}\ [\mathrm{m/s}]$$

第 7 章

7.1 Step1 座標軸を決める．$t=0$ の小球の位置を原点とし．鉛直上向きを y 軸とする． Step2 みかけの力を含めて，小球に働く力を見つける．小球に働く力は鉛直下向きで大きさ mg [N] の重力と，鉛直下向きで大きさ ma_0 [N] のみかけの力である． Step3 小球の運動方程式を立てる.

$$ma_y = -mg - ma_0$$

Step4 運動方程式を初期条件 $t=0$ のとき $y(0)=0$, $v_y(0)=v_0$ の下で解き，位置と速度を求める.

$$y(t) = -\frac{1}{2}(g+a_0)t^2 + v_0 t\ [\mathrm{m}], \quad v_y(t) = -(g+a_0)t + v_0\ [\mathrm{m/s}]$$

となる．これは基本例題メニュー 3.1 の結果を $g \to g + a_0$ としたものになる.

7.2 Step1 座標軸を決める．$t=0$ の小球の位置を原点とし，鉛直上向きを y 軸，水平方向で電車の運動の向きを x 軸とする． Step2 みかけの力を含めて，小球に働く力を見つけ

7

る．小球に働く力は鉛直下向きで大きさ mg [N] の重力と，水平方向で電車の運動と逆向きで大きさ ma_0 [N] のみかけの力である． Step3 運動方程式を立てる．

$$ma_x = -ma_0, \quad ma_y = -mg$$

Step4 運動方程式を初期条件 $(x(0), y(0)) = (0, 0)$，$(v_x(0), v_y(0)) = (0, v_0)$ の下で解いて，小球の位置と速度を求める．

$$\begin{cases} x(t) = -\dfrac{1}{2}a_0t^2 + v_0t \ [\mathrm{m}] \\ y(t) = -\dfrac{1}{2}gt^2 \ [\mathrm{m}] \end{cases}, \quad \begin{cases} v_x(t) = -a_0t + v_0 \ [\mathrm{m/s}] \\ v_y(t) = -gt \ [\mathrm{m/s}] \end{cases}$$

7.3 電車に乗っている人の立場で考えると，物体には大きさ ma_0 のみかけの力が働くと考えることができる．重力とみかけの力の合力の大きさは

$$\sqrt{(mg)^2 + (ma_0)^2} = m\sqrt{g^2 + {a_0}^2}$$

であるので問題 4.8 の結果の g を $\sqrt{g^2 + {a_0}^2}$ と置き換えればよい．したがって，周期は

$$2\pi\sqrt{\frac{l}{\sqrt{g^2 + {a_0}^2}}} \ [\mathrm{s}]$$

となる．

7

7.4 Step1 台と共に運動する観測者の立場で考えて，物体に働く力を求める．物体には，垂直抗力，摩擦力，重力の他に，みかけの力として大きさ ma_0 [N] の力が働く． Step2 物体に働く垂直抗力の大きさを求める．台の加速度の大きさを a [m/s^2] とすると力のつり合いより垂直抗力の大きさは $m(g\cos\theta + a\sin\theta)$ [N] である． Step3 斜面に沿って下がる直前の台の加速度の大きさ a_1 [m/s^2] として，その場合の力のつり合いの式（斜面に沿った成分）を立てる．

$$\mu m(g\cos\theta + a_1\sin\theta) + ma_1\cos\theta - mg\sin\theta = 0$$

Step4 力のつり合いの式から a_1 を求める．

$$a_1 = \frac{\sin\theta - \mu\cos\theta}{\cos\theta + \mu\sin\theta}g \ [\mathrm{m/s^2}]$$

Step5 斜面に沿って上がる直前での台の加速度の大きさを a_2 [m/s^2] として，その場合の力のつり合いの式（斜面に沿った成分）を立てる．

$$-\mu m(g\cos\theta + a_2\sin\theta) + ma_2\cos\theta - mg\sin\theta = 0$$

Step6 力のつり合いの式から a_2 を求める．

$$a_2 = \frac{\sin\theta + \mu\cos\theta}{\cos\theta - \mu\sin\theta}g \ [\mathrm{m/s^2}]$$

したがって，加速度の大きさの範囲は，

$$\frac{\sin\theta - \mu\cos\theta}{\cos\theta + \mu\sin\theta}g \leqq a \leqq \frac{\sin\theta + \mu\cos\theta}{\cos\theta - \mu\sin\theta}g$$

となる．

7.5 Step1 板 A に働く力を求め，運動方程式を立てる．板 A に働く力は大きさ F [N] の力，小物体 B からの垂直抗力，動摩擦力（F と逆向き），重力である．したがって，板 A の加速度を a_{A} [m/s^2] とすれば，板 A の運動方程式の水平成分は

$$Ma_{\mathrm{A}} = F - \mu' mg$$

と書ける．ただし，小物体 B からの垂直抗力が mg であることを用いた． Step2 板 A と共に運動する観測者の立場で，みかけの力を含めた小物体 B に働く力を求め，運動方程式を立てる．小物体 B に働く力は板 A からの垂直抗力，動摩擦力（F と同じ向き），重力，大きさ ma_{A} [N] のみかけの力である．鉛直方向の力のつり合いより，小物体 B に働く板 A からの垂直抗力の大きさは mg [N] と求まり，これより小物体 B に働く動摩擦力の大きさは $\mu' mg$ [N] と求まる．小物体 B の加速度を a_{B} [m/s^2] とすれば，運動方程式は

$$ma_{\mathrm{B}} = ma_{\mathrm{A}} - \mu' mg$$

Step3 板 A，小物体 B の運動方程式を連立させて，小物体 B の加速度を求める．小物体 B の加速度は，

$$a_{\mathrm{B}} = \frac{1}{M}\{F - \mu'(M+m)g\} \text{ [m/s}^2\text{]}$$

Step4 時間 t [s] に小物体 B が板 A の上を移動する距離は $\frac{a_{\mathrm{B}}t^2}{2}$ と書けるから，

$$L = \frac{a_{\mathrm{B}}t^2}{2}$$

を t について解いて，小物体 B が板 A から落ちるまでの時間を求める．

$$t = \sqrt{\frac{2ML}{F - \mu'(M+m)g}} \text{ [s]}$$

7.6 系 (x, y, z) と (x', y', z') との間の関係は，

$$\begin{cases} x = x'\cos(\omega t) - y'\sin(\omega t) \\ y = x'\sin(\omega t) + y'\cos(\omega t) \\ z = z' \end{cases}$$

と書ける．両辺を t で微分すると，

$$\begin{cases} \dfrac{dx}{dt} = \dfrac{dx'}{dt}\cos(\omega t) - x'\omega\sin(\omega t) - \dfrac{dy'}{dt}\sin(\omega t) - y'\omega\cos(\omega t) \\ \dfrac{dy}{dt} = \dfrac{dx'}{dt}\sin(\omega t) + x'\omega\cos(\omega t) + \dfrac{dy'}{dt}\cos(\omega t) - y'\omega\sin(\omega t) \\ \dfrac{dz}{dt} = \dfrac{dz'}{dt} \end{cases}$$

となる．もう一度，両辺を t で微分すると，

7

$$\begin{cases} \dfrac{d^2x}{dt^2} = \dfrac{d^2x'}{dt^2}\cos(\omega t) - \dfrac{d^2y'}{dt^2}\sin(\omega t) - 2\left(\dfrac{dx'}{dt}\sin(\omega t) + \dfrac{dy'}{dt}\cos(\omega t)\right)\omega \\ \qquad - (x'\cos(\omega t) - y'\sin(\omega t))\omega^2 \\ \dfrac{d^2y}{dt^2} = \dfrac{d^2x'}{dt^2}\sin(\omega t) - \dfrac{d^2y'}{dt^2}\cos(\omega t) - 2\left(\dfrac{dx'}{dt}\cos(\omega t) + \dfrac{dy'}{dt}\sin(\omega t)\right)\omega \\ \qquad - (x'\sin(\omega t) + y'\cos(\omega t))\omega^2 \\ \dfrac{d^2z}{dt^2} = \dfrac{d^2z'}{dt^2} \end{cases}$$

となる．これを運動方程式に代入し，力 $\boldsymbol{F} = (F_x, F_y, F_z)$ [N] と $\boldsymbol{F}' = (F'_x, F'_y, F'_z)$ [N] との間の関係

$$\begin{cases} F_x = F_{x'}\cos(\omega t) - F_{y'}\sin(\omega t) \\ F_y = F_{x'}\sin(\omega t) + F_{y'}\cos(\omega t) \\ F_z = F_{z'} \end{cases}$$

を用いて整理すれば，与式を得る．

7.7 Step1 物体と共に回転する座標系で考えて，滑り出す直前の力のつり合いの式を立てる．静止摩擦係数を μ とし，物体の質量を m [kg] とすれば，滑り出す直前の力のつり合いの式は

$$\mu mg - mL{\omega_0}^2 = 0$$

となる． Step2 つり合いの式より，μ を求める．これを μ について解いて

$$\mu = \frac{L{\omega_0}^2}{g}$$

となる．これは問題 4.4 の結果と一致する．

7.8 Step1 おもりと共に回転する観測者の立場で，みかけの力を含めて，おもりに働く力を見つける．おもりに働く力は，ばねの弾性力，重力，遠心力である． Step2 力のつり合いの式を立てる．円運動の半径は $l\sin\theta$ であり，ばねの自然長からの伸びを d [m]，角速度を ω [rad/s] とすれば，力のつり合いの式の鉛直成分は

$$kd\cos\theta - mg = 0$$

である．水平成分は，遠心力とばねの弾性力の水平成分のつり合いより

$$m(l\sin\theta)\omega^2 - kd\sin\theta = 0$$

である． Step3 力のつり合いの式より，ω を求め，$\frac{2\pi}{\omega}$ [s] より周期を求める．

$$\omega = \sqrt{\frac{g}{l\cos\theta}} \text{ [rad/s]}$$

であるから，周期は $2\pi\sqrt{\frac{l\cos\theta}{g}}$ [s] となる．これは，問題 4.1 の結果と一致する．

7.9 Step1 おもりと共に回転する観測者の立場で，みかけの力を含めて，おもりに働く力を見つける．おもりに働く力は，上の糸からの張力，下の糸からの張力，重力，遠心力であ

る． Step2 力のつり合いの式を立てる．上の糸からの張力の大きさを T_1 [N]，下の糸からの張力の大きさを T_2 [N] とする．力のつり合いの式の鉛直成分は

$$T_1 \cos\theta - mg - T_2 \cos\theta = 0$$

である．水平成分は，遠心力と張力の水平成分のつり合いより

$$m(l \sin\theta)\omega^2 - (T_1 + T_2)\sin\theta = 0$$

である． Step3 力のつり合いの式より，T_1, T_2 を求める．これを T_1, T_2 について解けば，

$$T_1 = \frac{1}{2}\left(ml\omega^2 - \frac{mg}{\cos\theta}\right) \text{ [N]}, \quad T_2 = \frac{1}{2}\left(ml\omega^2 + \frac{mg}{\cos\theta}\right) \text{ [N]}$$

と求まる．これは，問題 4.2 の結果と一致する．

第 8 章

8.1 Step1 角運動量の定義式 $\boldsymbol{L} = \boldsymbol{r} \times \boldsymbol{p}$ に代入して，角運動量 $\boldsymbol{L}$ を求める．$\boldsymbol{L} = (-13, 5, -16)$ kg · m^2/s． Step2 $L = rp\sin\theta$ より，$\sin\theta$ の値を求める．

$$\sin\theta = \frac{15\sqrt{2.0}}{3.0 \times 5.0\sqrt{2.0}} = 1.0$$

したがって，$\theta = \frac{\pi}{2}$ と求まる．

8.2 Step1 振り子の運動面に垂直な軸まわりの回転について考え，その軸まわりの角運動量を求める．

$$mlv = ml^2 \frac{d\theta}{dt}$$

Step2 回転軸まわりの力のモーメントを求める．力のモーメントは $-mlg\sin\theta$ [N · m] である． Step3 角運動量と力のモーメントを回転の方程式に代入して整理する．これを回転の方程式に代入すれば

$$ml^2 \frac{d^2\theta}{dt^2} = -mlg\sin\theta$$

となり，両辺を ml^2 で割れば，与式が得られる．

8.3 物体の質量を m [kg]，位置を $\boldsymbol{r}$ [m]，速度を $\boldsymbol{v}$ [m/s] とすると，

$$\frac{d\boldsymbol{L}}{dt} = m\frac{d\boldsymbol{r}}{dt} \times \boldsymbol{v} + m\boldsymbol{r} \times \frac{d\boldsymbol{v}}{dt}$$

である．ここで，右辺第 1 項は外積の性質より 0 になる．第 2 項は等速直線運動であるので 0 になる．したがって，$\frac{d\boldsymbol{L}}{dt} = 0$ が導ける．等速直線運動する物体に働く正味の力は 0 なので，回転の方程式を用いて示すこともできる（基本例題メニュー 8.1 において，$g = 0$ の場合を考えればよい）．

8.4 $\boldsymbol{L} = \boldsymbol{r} \times \boldsymbol{p}$ より角運動量の単位は，[m × kg · m/s] = [kg · m^2/s] とわかる．これより，回転の方程式の左辺の単位は [kg · m^2/s × 1/s] = [kg · m^2/s^2] である．ここで，力の単位は [N] = [kg · m/s^2] であることを用いると，[kg · m^2/s^2] = [N · m] となり，右辺の単位と一

致することが確かめられる．

8.5 Step1 物体の運動エネルギーの変化を求める．基本例題メニュー 8.3 で求めたように，物体の速さは v_0 [m/s] から $2v_0$ [m/s] に変化するので，運動エネルギーの変化は

$$\Delta K = \frac{1}{2}m(2v_0)^2 - \frac{1}{2}m{v_0}^2 = \frac{3}{2}m{v_0}^2 \ [\mathrm{J}]$$

Step2 物体がされる仕事を求める．角運動量保存則より，半径 r [m] のときの速さが $v = \frac{r_0}{r}v_0$ [m/s] であることを用いて，

$$W = -\int_{r_0}^{\frac{r_0}{2}} \left(m\frac{v^2}{r}\right) dr = -\int_{r_0}^{\frac{r_0}{2}} \left(m\frac{(r_0 v_0)^2}{r^3}\right) dr$$

$$= m(r_0 v_0)^2 \left[\frac{1}{2r^2}\right]_{r_0}^{\frac{r_0}{2}} = \frac{3}{2}m{v_0}^2 \ [\mathrm{J}]$$

となり，ΔK と W は一致することが確かめられる．

8.6 質量 m [kg] の質点を万有引力に逆らって基準の位置から，r [m] の位置までゆっくりと運ぶのに要する仕事であるから，

$$U(r) = \int_{\infty}^{r} G\frac{Mm}{r^2}\,dr = \left[-G\frac{Mm}{r}\right]_{\infty}^{r} = -G\frac{Mm}{r} \ [\mathrm{J}]$$

8.7 Step1 惑星の近日点での速さを v_1 [m/s]，遠日点での速さを v_2 [m/s] として，角運動量保存則の式を立てる．$r_1 v_1 = r_2 v_2$． Step2 エネルギー保存則の式を立てる．

$$\frac{1}{2}m{v_1}^2 - G\frac{mM}{r_1} = \frac{1}{2}m{v_2}^2 - G\frac{mM}{r_2}$$

角運動量の保存則とエネルギー保存則の式を用いて，v_1, v_2 を求める．

$$v_1 = \sqrt{\frac{2GMr_2}{r_1(r_1+r_2)}} \ [\mathrm{m/s}], \quad v_2 = \sqrt{\frac{2GMr_1}{r_2(r_1+r_2)}} \ [\mathrm{m/s}]$$

8.8 万有引力が向心力として働いているので，惑星の質量を m [kg] とすると，

$$ma\omega^2 = G\frac{Mm}{a^2}$$

が成り立つ．ここで，$\omega = \frac{2\pi}{T}$ を用いれば

$$ma\left(\frac{2\pi}{T}\right)^2 = G\frac{Mm}{a^2}$$

これを整理すると，ケプラーの第 3 法則が得られる．

第 9 章

9.1 Step1 棒に働く力を見つける．棒に働く力は大きさ F の力，糸の張力，重力である．Step2 力のつり合いの式を立てる．図のように，糸および棒が鉛直線と成す角を，それぞれ θ [rad], ϕ [rad] とする．力のつり合いの式は，

$$\text{水平成分：} F - T\sin\theta = 0$$
$$\text{鉛直成分：} mg - T\cos\theta = 0 \quad \text{（力のつり合いの式）}$$

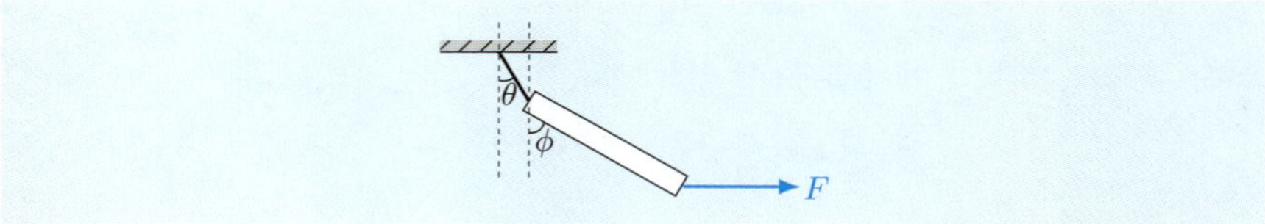

Step3 力のモーメントのつり合いの式を立てる．棒の長さを l [m] とすると，棒の糸を取り付けた点まわりの力のモーメントのつり合いの式は

$$F \times l\cos\phi - \frac{mgl}{2}\sin\phi = 0 \quad \text{（力のモーメントのつり合いの式）}$$

Step4 力のつり合いの式と力のモーメントのつり合いの式を連立させて $\tan\theta$ を求める．

$$\tan\theta = \frac{F}{mg}, \quad \tan\phi = \frac{2F}{mg} = 2\tan\theta$$

9.2 物体の重心の位置が，点 P より図 9.6 の左側にきたときに物体は回転する．したがって，$\tan\theta_0 = \frac{b}{a}$ と求まる．

9.3 Step1 物体に働く重力を W [N] として滑らない条件を求める．$F \leqq \mu W$．Step2 点 P まわりに回転する条件を求める．$Fx > W \times \frac{b}{2}$．Step3 滑らない条件と点 P まわりに回転する条件より x を求める．これら 2 式より，$x > \frac{b}{2\mu}$ を得る．

9.4 棒の重量を W [N] とする．重心の点 A からの距離を x [m] とすれば，

$$\begin{cases} \text{点 A まわりの力のモーメントのつり合いの式は } F_{\mathrm{A}}L - Wx = 0 \\ \text{点 B まわりの力のモーメントのつり合いの式は } F_{\mathrm{B}}L - W(L-x) = 0 \end{cases}$$

である．これらより，棒の重量および重心の点 A からの距離は

$$W = F_{\mathrm{A}} + F_{\mathrm{B}} \text{ [N]}, \quad x = \frac{F_{\mathrm{A}}L}{F_{\mathrm{A}} + F_{\mathrm{B}}} \text{ [m]}$$

と求まる．

9.5 Step1 電車に乗っている人の立場で考え，みかけの力を含めて，棒に働く力を見つける．棒に働く力は，床面からの垂直抗力，摩擦力，壁からの垂直抗力，大きさ Mg [N] の重力，大きさ Ma_0 [N] のみかけの力である．Step2 床面からの垂直抗力の大きさを $N_{\text{床}\to\text{棒}}$ [N]，床面からの摩擦力の大きさを $F_{\text{摩擦}}$ [N]，壁からの垂直抗力の大きさを $N_{\text{壁}\to\text{棒}}$ [N] として，力のつり合いの式を立てる．摩擦力の向きが左向きのとき，棒のつり合いの式は

9

$$\text{鉛直成分}：N_{\text{床}\to\text{棒}} - Mg = 0$$

$$\text{水平成分}：N_{\text{壁}\to\text{棒}} - Ma_0 - F_{\text{摩擦}} = 0$$

である．Step3 力のモーメントのつり合いの式を立てる．棒が床面と接する点まわりの力のモーメントのつり合いの式は，

$$N_{\text{壁}\to\text{棒}} L\cos\theta - mg \times \frac{L}{2}\sin\theta + ma_0 \times \frac{L}{2}\cos\theta = 0$$

である．Step4 力のつり合いと力のモーメントのつり合いの式より，$F_{\text{摩擦力}}$ を求める．

$$F_{\text{摩擦}} = \frac{m}{2}(g\tan\theta - a_0)\ [\mathrm{N}]$$

となる．同様に，摩擦力の向きが右向きのときは，

$$F_{\text{摩擦}} = \frac{m}{2}(a_0 - g\tan\theta)\ [\mathrm{N}]$$

となる．Step5 棒が滑り出さない条件を求める．これらが，μmg より小さいときに，棒は滑り出さないから，

$$\frac{a}{g} - 2\mu \leqq \tan\theta \leqq \frac{a}{g} + 2\mu$$

を得る．

9.6 重心は棒の端から長さ $\frac{L}{2}$ の点である．重心からの距離 $x \sim x + dx$ [m] の部分の質量は $\frac{Mdx}{L}$ であるから，慣性モーメントは

$$I = \int_{-\frac{L}{2}}^{\frac{L}{2}} x^2 \times \frac{Mdx}{L} = \frac{M}{L}\left[\frac{x^3}{3}\right]_{-\frac{L}{2}}^{\frac{L}{2}} = \frac{ML^2}{12}\ [\mathrm{kg\cdot m^2}]$$

と求まる．

9.7 円柱を軸に垂直な薄い板に分けて考える．この薄い板の質量を dM [kg] とすると，この板の軸に関する慣性モーメント dI_x は基本例題メニュー 9.3 より

$$dI_x = \frac{dMa^2}{2}\ [\mathrm{kg\cdot m^2}]$$

である．したがって，円柱全体の軸に関する慣性モーメントは

$$I_x = \int dI_x = \frac{Ma^2}{2}\ [\mathrm{kg\cdot m^2}]$$

と求まる．

9.8 中心を通り，長さが a, b, c [m] の辺に平行に x, y, z 軸を取る．x 軸に垂直な薄い板に分けて考える．この薄い板の質量を dM [kg] とすると，この板の x 軸に関する慣性モーメント dI_x は実践例題メニュー 9.4 より

$$dI_x = \frac{dM(b^2 + c^2)}{12}\ [\mathrm{kg\cdot m^2}]$$

である．したがって，立方体全体の x 軸に関する慣性モーメントは

$$I_x = \int dI_x = \frac{M(b^2 + c^2)}{12}\ [\mathrm{kg \cdot m^2}]$$

と求まる．同様に，

$$I_y = \frac{M(c^2 + a^2)}{12}\ [\mathrm{kg \cdot m^2}], \quad I_z = \frac{M(a^2 + b^2)}{12}\ [\mathrm{kg \cdot m^2}]$$

と求めることができる．

9.9 Step1 座標軸を決める．斜面に沿って上向きを x 軸とする． Step2 円板に働く力を見つける．円板に働く力は，摩擦力 $F_{摩擦}$ [N] と大きさ Mg [N] の重力である． Step3 運動方程式と回転の方程式を立てる．運動方程式と回転の方程式は，

$$Ma_x = Mg\sin\theta - F_{摩擦} \quad （運動方程式）$$

$$I\frac{d\omega}{dt} = aF_{摩擦} \quad （回転の方程式）$$

となる．ここで，$I = \frac{1}{2}Ma^2$ [kg·m²] は円板の慣性モーメントである． Step4 円板が滑らないとき，$a_x = a\frac{d\omega}{dt}$ であるから，これと運動方程式，回転の方程式を連立させて，加速度と摩擦力を求める．

$$a_x = \frac{2}{3}g\sin\theta\ [\mathrm{m/s^2}], \quad F_{摩擦} = \frac{1}{3}Mg\sin\theta\ [\mathrm{N}]$$

9.10 Step1 座標軸を決める．鉛直下向きを y 軸とする． Step2 円板に働く力を見つける．円板に働く力は，糸の張力 $\boldsymbol{T}$ [N] と大きさ Mg [N] の重力である． Step3 運動方程式と回転の方程式を立てる．運動方程式と回転の方程式は，

$$Ma_x = Mg - T \quad （運動方程式）$$

$$I\frac{d\omega}{dt} = aT \quad （回転の方程式）$$

となる．ここで，$I = \frac{1}{2}Ma^2$ [kg·m²] は円板の慣性モーメントである． Step4 円板が滑らないとき，$a_x = a\frac{d\omega}{dt}$ であるから，これと運動方程式，回転の方程式を連立させて，加速度と糸の張力を求める．

$$a_x = \frac{2}{3}g\ [\mathrm{m/s^2}], \quad T = \frac{1}{3}Mg\ [\mathrm{N}]$$

この結果は，問題 9.9 で $\theta = \frac{\pi}{2}$ としたものと一致する．

9.11 Step1 座標軸を決める．図のように鉛直からの角度を θ [rad] とする．

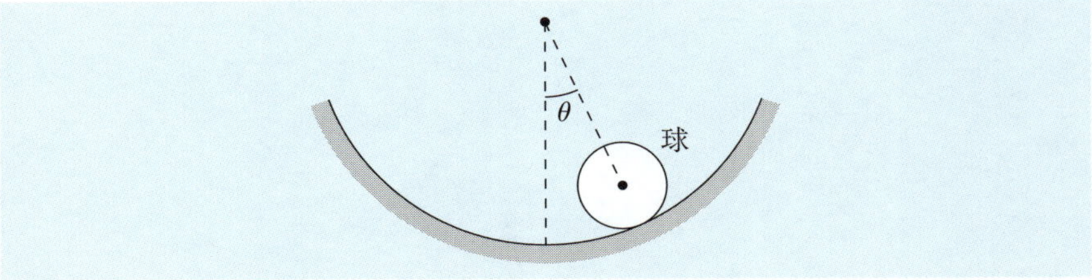

Step2 球に働く力を見つける．球に働く力は，円筒面からの摩擦力 $F_{摩擦}$ [N] と大きさ Mg [N]

9

の重力である．Step3 運動方程式と回転の方程式を立てる．運動方程式と回転の方程式は，それぞれ，

$$M(a-b)\frac{d^2\theta}{dt^2} = -Mg\sin\theta + F_{摩擦} \quad （運動方程式）$$

$$I\,\frac{d\omega}{dt} = -F_{摩擦}\,b \quad （回転の方程式）$$

となる．ここで，$I = \frac{2}{5}Mb^2$ $[\mathrm{kg \cdot m^2}]$ である（ω は球の振動の角振動数ではなく，球の中心まわりの回転運動の角速度であることに注意する）．Step4 滑らない条件

$$(a-b)\frac{d\theta}{dt} = b\omega$$

から，摩擦力の大きさを求める．

$$F_{摩擦} = \frac{2}{7}Mg\sin\theta \ [\mathrm{N}]$$

Step5 摩擦力の大きさを運動方程式に代入して，$\sin\theta \fallingdotseq \theta$ と近似し，単振動の方程式と比較することにより，周期を求める．

$$(a-b)\frac{d^2\theta}{dt^2} = -\frac{5}{7}g\sin\theta \fallingdotseq -\frac{5}{7}g\theta$$

となる．したがって，球は単振動をすることがわかる．これと単振動の方程式 (4.17) と見比べれば，$\omega^2 = \frac{5g}{7(a-b)}$ であるから，その周期は $2\pi\sqrt{\frac{7(a-b)}{5g}}$ [s] と求まる．

索　　引

た 行

な 行

は 行

ま 行

―― ら 行 ――

著者略歴

轟木義一（とどろき のりかず）

2004年　東京大学大学院工学系研究科物理工学専攻博士課程修了
　　　　博士（工学）
　　　　神奈川大学工学部特別助手，千葉工業大学工学部助教，
　　　　千葉工業大学工学部准教授を経て，
現　在　千葉工業大学創造工学部准教授

主要著書

『新・基礎電磁気学演習』（サイエンス社，共著）
『新・基礎力学演習』（サイエンス社，共著）
『演習形式で学ぶ相転移・臨界現象』（サイエンス社，共著）
『理工系のリテラシー 物理学入門』（裳華房，共著）

ライブラリ レシピ de 演習［物理学］＝1

レシピ de 演習力学

2019年7月25日©　　　　初 版 発 行

著　者　轟木義一　　　　発行者　森平敏孝
　　　　　　　　　　　　印刷者　大道成則

発行所　　株式会社　サイエンス社

〒151-0051　東京都渋谷区千駄ヶ谷1丁目3番25号
営業　☎(03)5474–8500（代）　振替 00170–7–2387
編集　☎(03)5474–8600（代）
FAX　☎(03)5474–8900

印刷・製本　太洋社

サイエンス社のホームページのご案内
http://www.saiensu.co.jp
ご意見・ご要望は
rikei@saiensu.co.jp　まで．

ISBN978–4–7819–1449–7

PRINTED IN JAPAN